ROHFÜTTERUNG FÜR HUNDE

FRISCH FÜTTERN LEICHT GEMACHT

(Foto: Silke Böhm)

Silke Böhm

ROHFÜTTERUNG FÜR HUNDE

FRISCH FÜTTERN LEICHT GEMACHT

Haftungsausschluss
Autorin und Verlag haben den Inhalt dieses Buches mit großer
Sorgfalt und nach bestem Wissen und Gewissen zusammengestellt. Für eventuelle Schäden an Mensch und Tier, die als
Folge von Handlungen und/oder gefassten Beschlüssen
aufgrund der gegebenen Informationen entstehen, kann
dennoch keine Haftung übernommen werden.

IMPRESSUM

Copyright © 2016 by Cadmos Verlag, Schwarzenbek

Titelgestaltung und Layout: ravenstein2.de
Satz: Das Agenturhaus, München
Coverfoto: Silke Böhm
Fotos: Silke Böhm, Sabine Hans, shutterstock.com
Lektorat: Maren Müller

Druck: Graspo CZ, a.s., Tschechische Republik,
www.graspo.de

Deutsche Nationalbibliothek – CIP-Einheitsaufnahme
Die Deutsche Nationalbibliothek verzeichnet diese
Publikation in der Deutschen Nationalbibliografie; detaillier-
te bibliografische Daten sind im Internet über http://dnb.
ddb.de abrufbar.

Printed in Czech Republic

ISBN: 978-3-8404-2519-6

INHALT

WARUM FRISCH FÜTTERN?

Als im August 2003 unser Parson Russell Terrier Yoda bei uns einzog, hatten wir von seiner Züchterin gleich ein Starterpaket mit Trockenfutter mitbekommen. Als dieses Futter nahezu aufgebraucht war, begann ich, mich intensiver mit dem Thema Ernährung auseinanderzusetzen und stellte überrascht fest, welche unterschiedlichen Qualitäten an Hundefutter angeboten werden. Es folgte eine außerordentlich umfangreiche Recherche im Internet, in Foren, in Büchern und Artikeln. In Dutzenden Telefonaten diskutierte ich mit den Beratern verschiedener Futtermittelhersteller die Zusammensetzung der jeweils angebotenen Pellets, Kroketten und Kekse. Nach langem Hin und Her entschied ich mich für eine Sorte, von der ich meinte, dass sie die richtige für meinen Hund sei.

Leider teilte mein Vierbeiner meine Ansicht überhaupt nicht. Er verweigerte anfangs das Futter. Ich jedoch blieb konsequent und nach 2 Tagen fraß Yoda die Pellets, allerdings mit den sprichwörtlichen „langen Zähnen". Er war weit weg davon, aufzuspringen, wenn er mich in der Küche mit dem Futternapf hantieren hörte. Außerdem fraß er nie die empfohlene Menge. Und da Yoda damals ohnehin eher zu dünn als zu dick war, machte ich mir Sorgen.

Eines Tages drückte mir das Frauchen von Yodas Hundekumpel Leo ein Tütchen mit Frischfleisch in die Hand. Mehr als zögerlich raspelte ich an diesem Abend das erste Mal Gemüse und vermengte es mit dem Fleisch. Ein erwartungsvoll blickendes Paar Hundeaugen und die dazugehörige Knopfnase verfolgten jede meiner Handbewegungen.

Warum frisch füttern?

Das Angebot an Trocken- und Nassfutter ist groß. Die Qualitäten sind sehr unterschiedlich. (Foto: Silke Böhm)

Yoda fraß alles auf und hinterließ einen blitzblanken Napf. Allein der Anblick des mit Appetit und Freude fressenden Hundes hätte mich von der Frischfütterung überzeugen müssen. Doch ich blieb weiter skeptisch. Wiederum begann ich zu recherchieren. Nach relativ kurzer Zeit stand für mich fest: Möchte ich meinen Hund artgerecht ernähren, sollte ich frisch füttern. Ich begann Futterpläne aufzustellen, erkundigte mich über die Zusätze, die Öle und die Kräuter. Es verging eine ziemlich lange Zeit, bis ich bei der heutigen Routine angelangt war.

Hundehalter kommen sehr schnell miteinander ins Gespräch, und bald ist man auch beim Thema Fütterung. Wenn ich dann berichte, dass ich ausschließlich frisch füttere, ist das Interesse in der Regel sehr groß. Ich muss all die Fragen beantworten, die ich anfangs selbst hatte und zu denen ich mühsam recherchieren musste. Im Fokus stehen in diesen Gesprächen immer die Alltagstauglichkeit und die konkrete Umsetzung. Und daraus resultiert dieses Buch: Es ist eine praktische Einführung in das Thema Frischfütterung beim Hund mit Tipps, Ratschlägen und Erfahrungswerten.

Übrigens: Viele Hundehalter, die ihren Hund auf die Frischfütterung umgestellt haben, ernähren sich und ihre Familie von da an ebenfalls viel gesünder. Das muss wohl daran liegen, dass immer frisches Gemüse im Haus ist. Eine – wie ich finde – mehr als positive Nebenwirkung.

Der Wolf – Vorfahre des Hundes und Vorbild bei der Hundefütterung?

Der Hund stammt vom Wolf ab. Diese Theorie wurde im Jahr 2013 ein wenig ins Wanken gebracht. Eine Genomstudie, die ein internationales Forscherteam um John Novembre an der Universität Chicago durchgeführt hat, ergab: Hunde sind nicht aus unseren heutigen Wölfen hervorgegangen. Sie sind bereits vorher entstanden. Hund und Wolf haben sozusagen die gleichen Vorfahren. Beide entwickelten sich – laut dieser Studie – vor 16 000 bis 11 000 Jahren. Die Wissenschaftler untersuchten die Genome von 3 Grauwolfarten aus Kroatien, China und Israel – Regionen, die als mögliche Ursprungsländer des Haushundes gelten. Darüber hinaus analysierten sie das Erbgut der australischen Dingos und der afrikanischen Basenjis – 2 Hunderassen, die seit Langem von modernen Wölfen isoliert leben. Sie verglichen all diese Genome mit denen von verschiedenen Haushunderassen. „Unsere Analyse deutet darauf hin, dass keine der untersuchten Wolfspopulationen enger als die jeweils anderen mit Hunden verwandt ist und dass Hunde sich von Wölfen zu der gleichen Zeit abspalteten, zu der sich die untersuchten Wolfspopulationen voneinander trennten", schreiben die Forscher in dem englischen Fachblatt *Plos Genetics*. Hunde stammen also „von etwas Älterem ab". Eventuell waren ihre Vorfahren andere Wolfslinien, die dann aber ausstarben, ist dem Mitteilungsblatt der Universität Chicago zu entnehmen.

Dennoch kann man Wolf und Hund miteinander vergleichen, denn sie haben ein und denselben „Vater". Wobei bei dieser These ungeklärt ist, ob der Vierbeiner auf den Menschen zuging oder umgekehrt.

In einer anderen wissenschaftlichen Studie aus Schweden haben Forscher das Erbgut von 60 Hunden verschiedener Rassen sowie das von 12 Wölfen aus unterschiedlichen Gebieten untersucht. Sie wollten herausfinden, ob und wie sich die Domestikation auf das Genom auswirkt. Die Ergebnisse waren nach 3 Forschungsjahren oberflächlich betrachtet nicht besonders überraschend: Die Gehirnentwicklung von Haushunden und Wölfen ist signifikant unterschiedlich, was sich beispielsweise daran erkennen lässt, dass der Haushund bei Problemen Hilfe beim Menschen sucht, während der Wolf versucht, seine Probleme selbst zu lösen. Allerdings kam auch heraus – und das hatten die Wissenschaftler so nicht erwartet –, dass es markante Unterschiede im Bereich der Verdauung gibt: Hunde können Stärke deutlich besser verwerten als Wölfe. Die Forscher vermuten als Grund dafür die Sesshaftigkeit des Menschen. Je sesshafter der Mensch wurde, desto häufiger baute er Getreide an. Und je mehr Getreide verfügbar war, desto häufiger wurde der Kanide damit gefüttert beziehungsweise gelangte er an Fressbares aus Getreide.

Warum frisch füttern?

Es waren, so die Schweden, also die Tiere im Vorteil, die mit der ungewohnten Nahrung besser umgehen konnten. Und genau diese vermehrten sich folglich. Die schwedischen Forscher gehen davon aus, dass Hunde 5-mal besser Getreide oder ähnliche Kohlehydrate verdauen können als Wölfe. Das heißt jetzt aber nicht, dass es sinnvoll ist, einen Hund mit reichlich Getreide zu füttern, denn optimal verwerten kann er es dennoch nicht. Es bedeutet aber, dass ein gesunder Hund, der neben einer artgerechten Ernährung hier und da auch mal getreidehaltige Kost bekommt, nicht grundsätzlich falsch gefüttert wird. Außerdem wird damit das Totschlagargument der ideologischen Barfer: „Haben Sie schon mal einen Wolf in der Natur gesehen, der an einem Getreidehalm knabbert?", entkräftet. Ich persönlich habe im Übrigen noch nie einen Wolf in der Natur beobachtet – was sich bald ändern könnte.

Hunde und Wölfe gehören zu den Karnivoren, also zu den Fleischfressern. Das bedeutet zwar, dass sie sich bevorzugt von Fleisch ernähren, allerdings tun sie das nicht ausschließlich, sondern sie nehmen durchaus auch pflanzliche Nahrung auf. Wölfe fressen in der Natur ganze Tiere, also auch die Innereien, die Knochen und sogar das Fell.

Laut neuerer Forschungen stammt der Hund nicht direkt vom Wolf ab. Die Ernährungsbedürfnisse sind dennoch ähnlich. (Foto: shutterstock.com)

Zusätzlich fressen sie Pflanzen wie Gräser, Beeren und Kräuter. Der Nahrungsbedarf eines Wolfes liegt bei etwa 2 Kilogramm pro Tag. Frisst er mehr, wird er immobil, und das kann sich kein Tier in der Natur leisten. Ausgehungerte Wölfe fressen zwar mehr, würgen den Anteil oberhalb der Fassungskapazität des Magens aber wieder aus, verstecken ihn und nehmen ihn zu einem späteren Zeitpunkt zu sich. Dass Hunde ihr Erbrochenes fressen, kann man gelegentlich auch beobachten. Dies ist in Maßen völlig normal.

Unser heutiger Haushund ist im Gegensatz zum Wolf kein Beutegreifer im eigentlichen Sinne – er geht nicht mehr auf die Jagd, sondern bekommt von seinem Menschen einen Napf vorgesetzt –, seine Verdauungsmechanismen ähneln nach wie vor denen des Wolfes, auch wenn sie nicht ganz identisch sind.

Die Beutetiere des Wolfes sind überwiegend Pflanzenfresser, und da Mageninhalte mitgefressen werden, nimmt er so auch pflanzliche Nahrung – Lieferant wichtiger Mineralien und Vitamine – zu sich. An unsere Hunde verfüttern wir in der Regel keine ganzen Tiere mit Mageninhalt, weshalb wir seine Mahlzeiten aus Fleisch und pflanzlichen Bestandteilen zusammensetzen müssen, um ihn ausgewogen zu ernähren.

Die Verdauung des Hundes

Beginnen wir mit dem Maul des Hundes. Mit seinen vorderen Zähnen reißt der Karnivore Fleischstücke von großen Brocken ab und zerkleinert sie mit den Backenzähnen. Allerdings ist er nicht in der Lage, die Nahrung wie wir Menschen oder wie ein Pflanzenfresser richtig zu zermahlen und bereits durch den Speichel zu fermentieren. Der – im Vergleich zu dem des Menschen – eher dickflüssige Speichel des Hundes trägt in erster Linie dazu bei, dass die recht großen Fleischbrocken in den Magen-Darm-Trakt rutschen. Er ummantelt die Nahrung wie ein Schmierstoff und erleichtert so den Transport zum Ort der eigentlichen Verdauung. Zuerst passiert die Nahrung die Speiseröhre. Dieser Muskelschlauch pumpt die Nahrungsbrocken mechanisch in den Magen. Auch der Magen ist ein Muskel, der sich bei der Verdauung ständig bewegt, um die einzelnen Nahrungsbestandteile mit den Verdauungssäften zu vermengen. Die Magenschleimhaut sondert relativ große Mengen an Salzsäure ab, wodurch die Nahrung so verändert wird, dass die vorhandenen Enzyme sie leichter verarbeiten können. Der Magen eines Hundes kann viel mehr Nahrung aufnehmen als z. B. der menschliche Magen. Theoretisch wäre es daher möglich, einen gesunden erwachsenen Hund nur einmal täglich zu füttern. In der Praxis hat sich aber gezeigt, dass kleinere Futtermengen – 2 bis 3 Portionen pro Tag – das Risiko einer gefährlichen Magendrehung reduzieren und außerdem durch Hunger erzeugtem Stress vorbeugen.

Der sogenannte Sackmagen eines Karnivoren gibt ständig kleinere Portionen an den Darm ab. In welchen Mengen und wie oft, hängt von der Aktivität des Hundes ab – am häufigsten geschieht es in Ruhe.

Warum frisch füttern?

Bei Hunden, die auf Stöcken kauen, findet man die geschluckten Holzstückchen später unverdaut im Kot. (Foto: Silke Böhm)

Da die Magen- und Darmtätigkeit nach dem Fressen am höchsten ist, sollte der Hund nach der Nahrungsaufnahme seinem dadurch entstandenen Ruhebedürfnis nachgehen können. Es gilt: Nach der Fütterung sollten für 1 bis 2 Stunden größere Aktivitäten mit dem Hund vermieden werden. Im Idealfall lässt man noch mehr Zeit vergehen. Das bedeutet, dass Hunde, die nur eine Mahlzeit am Tag bekommen, möglichst am späten Abend gefüttert werden sollten.

Vom Magen aus wird der Nahrungsbrei zunächst in den Zwölffingerdarm gepresst. Weiter geht es durch den Dünn- und dann durch den Dickdarm, an dessen Ende die unverdaulichen Nahrungsreste wieder herauskommen. Je weniger Output der Hund hat, desto besser hat er die Nahrung verwertet.

Sie werden sehen: Ihr Hund wird nach der Umstellung auf Frischfutter weniger und auch kleinere Häufchen produzieren (ein Vorteil für alle verantwortungsbewussten Hundebesitzer, die die Hinterlassenschaften aufsammeln).

Der Darm des Hundes ist im Verhältnis zu seiner Körpergröße viel kürzer als der eines Menschen. Dies ist typisch für Beutegreifer und hat zur Folge, dass sie Kohlehydrate schwerer verdauen können, weil die Nahrung dafür nicht lang genug im Darm verweilt.

Halter von „Stöckchenkauern" kennen das: Die kleinen Holzspäne, die der Hund schluckt, kommen unverändert hinten wieder heraus. Der Darm eines jeden Lebewesens verwandelt die Nahrung in kleinste Bestandteile, die durch die Darmschleimhaut in das Blut gelangen und so den Organismus des Menschen oder des Tieres mit den notwendigen Mineralien und Vitaminen versorgen können. Die Schleimhäute und die Verdauungsfermente des Hundes sind zwar um einiges leistungsstärker als die des Menschen, aber dennoch nicht in der Lage, pflanzliche Nahrung komplett zu zerkleinern. Der Wolf frisst die vorverdauten Mageninhalte seiner Beutetiere. Für den Hund müssen wir die pflanzliche Nahrung entweder durch Kochen oder, was vorzuziehen ist, durch das Aufbrechen der Zellen durch Pürieren für die Verdauung vorbereiten. Erst so kann der Hund seine Nahrung optimal verwerten, bleibt gesund und aktiv.

Bei der Verdauung spielen kleine Helferlein eine große Rolle: Es handelt sich um Enzyme und Bakterien. Die Enzyme, auch Fermente genannt, werden beim Hund von der Magenschleimhaut und der Bauchspeicheldrüse gebildet. Sie brechen die Nahrungsbestandteile immer und immer wieder auf, bis sie klein genug sind, um von den Darmwänden aufgenommen zu werden und den Körper mit den lebensnotwendigen Stoffen zu versorgen. Die Verdauung mithilfe von Enzymen beginnt beim Hund erst im Magen, während wir Menschen bereits im Mund mithilfe unseres Speichels enzymatisch verdauen. Die Darmflora eines Hundes enthält Darmbakterien, die Vitamine synthetisieren können. Dennoch müssen die Vitamine zu einem großen Anteil über die Nahrung zugeführt werden.

Vorurteile

Gegenüber der Frischfütterung bestehen nach wie vor oft Bedenken, die auf alten Vorurteilen basieren. Besonders die Futtermittelindustrie schürt diese Vorurteile gern, da sie um sinkenden Absatz des Fertigfutters fürchtet. Auch manche Tierärzte raten nach wie vor von der Frischfütterung ab, allerdings steigt die Zahl derjenigen, die sie ausdrücklich empfehlen. Das hartnäckigste Vorurteil ist wohl: „Hunde, die mit rohem Fleisch gefüttert werden, sind aggressiver als ihre mit Fertigfutter ernährten Artgenossen." Wenn man einmal genauer darüber nachdenkt, wird man schnell zu dem Schluss kommen, dass das nicht stimmen kann. Was soll schlecht daran sein, einen Hund so frisch und natürlich wie möglich zu ernähren? Auch wir Menschen ernähren uns immer bewusster, regionaler und saisonaler, also wieder ursprünglicher – mit positiven Effekten.

„Ein Hund, der mit Fleisch gefüttert wird, jagt die Tiere, die er täglich in seinem Napf findet." Auch dies ist ein widersinniges Vorurteil. Denn warum sollte er? Er weiß ja gar nicht, mit welchem Fleisch er gefüttert wird. Es sei denn, Sie haben einen ganz besonderen Hund zu Hause, der des Lesens mächtig ist. Darüber hinaus riecht ein Tier nicht nach seinem Fleisch, sondern hat einen ganz eigenen, artspezifischen Körpergeruch.

Das Fressen von Knochen führt nicht zu Kalkablagerungen im Darm. (Foto: Silke Böhm)

Im Übrigen enthält auch Fertigfutter anteilig Fleisch – aber jagt ein Hund, der mit Fertigfutter „Lamm und Huhn" gefüttert wird, deshalb Lämmer und Hühner?

„Hunde, die frisch ernährt werden, bekommen Salmonellen oder Würmer." Das ist natürlich auch ein Märchen. Das Fleisch, das wir an unsere Hunde verfüttern, wird ebenso verarbeitet wie das Fleisch, das für den menschlichen Verzehr geeignet ist. So sind unsere gesetzlichen Bestimmungen. Mit Salmonellen oder Würmern verseuchtes Fleisch würde den

Fleischverkäufer sehr schnell die Existenz kosten. Zudem gehen von Salmonellen für einen gesunden Hund keine Gefahren aus, da seine Magensäure viel stärker konzentriert ist als die des Menschen und mit solchen Keimen leicht fertig wird.

„So ausgewogen, wie es mir mit einem Fertigfutter gelingt, kann ich meinen Hund mit frischem Futter nicht ernähren." Wie oft habe ich diesen Satz schon gehört? Aber ich behaupte: Es wird Ihnen sogar viel besser gelingen. Oder würden Sie Ihrem Hund wissentlich Farb- und Konservierungsstoffe in den Napf geben? Ich wüsste noch nicht einmal, wo ich so etwas kaufen könnte. Von künstlichen Aromen und Geschmacksverstärkern einmal ganz abgesehen!

Auch die Bedenken, dass die Fütterung von Knochen Kalkablagerungen im Darm zur Folge haben könnte, gehört in das Reich der Märchen. Die Magensäure des Hundes ist sehr stark und zersetzt die Knochen vollständig. Außerdem ist der Magen des Hundes für die Fleisch- und Knochenverdauung konzipiert. Wichtig ist zu beachten, dass der Hund ausschließlich rohe Knochen bekommt. Knochen, die beim Kochen oder Grillen übrig bleiben, sind tabu für den Hund, weil sie erwärmt wurden und deshalb splittern können!

Das Vorurteil, Frischfütterung sei viel teurer als Fertignahrung, lasse ich ebenfalls nicht gelten. Wenn man konsequent alle Reste, die beim Gemüseputzen für die eigene Mahlzeit anfallen, nicht als Abfall, sondern als wertvolle Ernährung für den Hund behandelt, außerdem saisonal einkauft und die Bezugsquellen für das Fleisch bewusst auswählt, bleibt man oft sogar unter dem Betrag, den man für ein gutes Fertigfutter ausgeben müsste.

In der letzten Zeit gehen viele Supermärkte erfreulicherweise wieder dazu über, leicht angewelktes Obst und Gemüse für kleines Geld in Extratheken anzubieten. Diese Ware ist keineswegs vergammelt, sie sieht jedoch nicht mehr ganz so frisch aus, als käme sie direkt vom Feld. Beim Hund essen die Augen nicht mit. Schlagen Sie ruhig zu! Der minimale Vitaminverlust ist zu vernachlässigen. Übrigens können auch Sie und Ihre Familie die Lebensmittel bedenkenlos genießen.

Der Zeitaufwand ist sicher etwas höher, wenn man frisch füttert. Das gebe ich zu. Aber bald bekommt man so viel Routine mit dieser Art der Fütterung, dass man das bisschen Mehraufwand gar nicht mehr merkt. Im Übrigen habe ich mich mit der Anschaffung eines Hundes für ein doch recht zeitaufwendiges Hobby entschieden, sodass diese wenigen Minuten mehr am Tag für mich keine Belastung darstellen. Von einem Hobbysegelflieger erwarten wir doch auch, dass er sein Hobby so gut wie möglich ausübt und seine Maschine optimal wartet und sicher landen kann, oder?

Hier sollte man zugreifen. Obst und Gemüse im Sonderangebot ist absolut geeignet für die Hundefütterung. (Foto: Silke Böhm)

KNACKIG FRISCH IN DEN NAPF!

Die Frischfütterung von Hunden wird immer beliebter. Wer sich eingehender mit der Fütterung seines Vierbeiners beschäftigt, wird bald feststellen, dass die Feucht- und Trockennahrung nicht unbedingt das enthält, was man seinem Hund gern geben möchte. Getreide steht bei den Deklarationen in der Regel an erster Stelle, was bedeutet, dass es den größten Anteil ausmacht. Manchmal sind die Getreideangaben gesplittet. Es werden also die Anteile an beispielsweise Maismehl, Weizenmehl, Reismehl oder Hafermehl einzeln aufgelistet, wodurch sie in der Auflistung weiter nach hinten rutschen. So scheint der Getreidegehalt auf den ersten Blick geringer – ein kleiner Trick der Tiernahrungsindustrie, denn würde man alles addieren, wäre man wieder beim größten Anteil. Zwar wissen wir heute, dass Hunde Getreide sehr wohl verdauen können, es ist aber nicht zwingend notwendig, solche Mengen zu verfüttern. Zu viel Getreide im Futter erhöht die Gefahr, dass der Hund eine Allergie oder Futtermittelunverträglichkeit darauf entwickelt.

Sicherlich ist das Füttern von Trocken- oder Dosenfutter eine einfache Angelegenheit: Einfach die angegebene Portion in den Napf füllen und der Hund ist scheinbar mit allem versorgt. Viele Hunde vertragen das Fertigfutter auch ganz gut.

Hat man jedoch einen „Mäkler" im Haus, der das Fertigfutter nicht annimmt, oder gar einen Allergiker, ist guter Rat oft teuer – und das im wahrsten Sinne des Wortes. Oft beginnt dann eine regelrechte Odyssee durch die Fertigfutterlandschaft, angebrochene Futtertüten stapeln sich in der Vorratskammer, geöffnete und verschmähte Dosen wandern vom Kühlschrank in den Abfalleimer.

Knackig frisch in den Napf!

Was kommt heute wohl Leckeres in den Napf? (Foto: shutterstock.com)

Der menschliche „Dosenöffner" kann irgendwann die Deklarationen des Fertigfutters rezitieren wie ehemals Gedichte und macht sich darüber hinaus auch noch Sorgen um die Gesundheit des Hundes. Spätestens dann kommt die Frage auf, ob man nicht frisch füttern könnte.

Eine große Hemmschwelle für Frischfütterung ist der scheinbar hohe Aufwand. Doch wenn sich erst einmal Routine eingestellt hat, wird man merken, dass das eigenhändige Herstellen der Hundenahrung zwar ein bisschen, aber gar nicht so viel Mehrarbeit ist. Und der Anblick des

glücklichen Hundes, der seinen Napf spiegelblank leckt, entschädigt auf jeden Fall.

Wenn man es richtig anstellt, sind, wie bereits erwähnt, auch die geringeren Kosten ein wichtiger Pluspunkt bei der Frischfütterung. Finden Sie die örtlichen Bezugsquellen heraus und füttern Sie saisonales Obst und Gemüse aus Deutschland. Leisten Sie außerdem bei Ihren Nachbarn und Freunden Überzeugungsarbeit! Durch Sammelbestellungen lassen sich sowohl bei Bestellungen im Internet als auch beim Einkauf in Schlachthöfen die Preise noch einmal reduzieren.

Die Ausstattung — vom Teigschaber bis zur Küchenmaschine

Die Anschaffung einer guten Ausrüstung ist ein sinnvoller Schritt auf dem Weg zu einer zeitsparenden Routine.

Gemüse muss, damit der Hund es optimal aufschließen und verwerten kann, gekocht oder püriert werden. Rohes püriertes Gemüse beinhaltet allerdings mehr Vitamine und ist daher vorzuziehen. Man könnte das Gemüse auch täglich per Hand mit einer Reibe raspeln. Bei dieser Art der Zerkleinerung sind die Stückchen aber noch vergleichsweise groß, sodass die Zellen nicht völlig geöffnet werden. Richtig pürieren ist also besser.

Mein Alltagstipp

Frieren Sie einige Tagesrationen püriertes Gemüse ein. Dann haben Sie in hektischen Zeiten „Notportionen", die Sie in der Mikrowelle auftauen können. Fleisch sollte hingegen nicht zum Auftauen in die Mikrowelle.

Der Kauf eines guten Gemüsemixers erleichtert die tägliche Fütterung immens. Die Auswahl an solchen Geräten ist groß und die Preise und Anwendungsmöglichkeiten sind sehr unterschiedlich. Überlegen Sie, welche Arbeitshilfen Sie auch für die Zubereitung der Familienmahlzeiten gut gebrauchen können. Backen Sie oft Kuchen? Dann sollten Sie darüber nachdenken, eine Maschine zu kaufen, die nicht nur Gemüse zerkleinern, sondern auch Teig kneten kann. Notieren Sie alle Funktionen, die Sie sich wünschen, und lassen Sie sich im Elektrofachgeschäft beraten. Achten Sie aber auf alle Fälle darauf, dass die Maschine kräftig genug ist, um rohe Möhren zu pürieren. Für kleinere Ansprüche genügt ein Standmixer. Er findet in der Regel auch in kleinen Küchen Platz, ist formschön und kann schnell gereinigt werden. Da der Mixer tagtäglich in Gebrauch ist, sollte sich die Reinigung auch bei größeren Geräten so einfach wie möglich gestalten. Um die pürierte Masse vor der Reinigung nahezu rückstandsfrei aus dem Mixbehälter zu kratzen, empfiehlt sich ein Teigschaber. Kaufen Sie davon am besten gleich mehrere. So kann ein Schaber nach Gebrauch sofort in die Spülmaschine wandern und Sie haben am nächsten Tag dennoch einen sauberen Teigschaber zur Hand. Füllen Sie den Mixer nach dem Auskratzen und groben Ausspülen mit etwas Spülwasser und stellen Sie ihn kurz an. So werden kleine Gemüsereste auch aus den Ecken gespült. Eine Flaschenbürste aus der Gastronomie hat sich ebenfalls zur Reinigung bewährt. Damit bekommen Sie auch die Messer gut sauber, die man aus vielen Mixern nicht herausnehmen kann.

Das gekaufte Fleisch sollte noch am selben Tag eingefroren werden, damit es keinen Qualitätsverlust erfährt.

Knackig frisch in den Napf!

Am besten teilen Sie es gleich in Tagesportionen ein. So können Sie abends die Ration für den nächsten Tag aus dem Gefrierschrank herausnehmen und sie über Nacht schonend im Kühlschrank auftauen lassen. Am Morgen müssen Sie dann nur noch das Gemüse zubereiten. Sollten Sie das Herausnehmen des Fleisches einmal vergessen haben, können Sie es im Wasserbad relativ schonend und schnell auftauen.

Mein Alltagstipp

Wenn Sie das Fleisch für Ihren Hund in Gefrierbeuteln einfrieren möchten, empfiehlt es sich, ein Folienschweißgerät anzuschaffen. Das Gerät verschließt die Beutel sicher und entzieht ihnen die Luft, sodass sie noch weniger Platz benötigen.

Spülmaschinengeeignete Tiefkühldosen haben sich als sehr praktische Behältnisse zum Einfrieren erwiesen. Sie sind nicht nur ökologischer als Gefrierbeutel, sondern das Befüllen mit den einzelnen Portionen geht zudem schneller von der Hand. Darüber hinaus können Sie die Dosen im Gefrierschrank thematisch, also nach ihrem Inhalt sortiert, stapeln und bringen dadurch eine gewisse Ordnung in die Kühlfächer. Nach der Fütterung kommen die Dosen in den Geschirrspüler und anschließend können sie wiederverwendet werden. Gefrierbeutel haben allerdings auch einen Vorteil: Sie lassen sich platzsparender verstauen. Das lästige Beschriften der Gefrierdosen oder -beutel kann man sich mit einem Punktesystem ersparen. Nützliche Helfer sind hierbei Markierungspunkte aus dem Schreibwarenladen. Ordnen Sie jeder Sorte Fleisch eine Farbe zu, schreiben Sie sich Ihre Farbcodes auf und hängen Sie Ihre Liste mit einem Magneten an den Gefrierschrank. Auf die Dosen oder Beutel kleben Sie dann jeweils die zum Inhalt passenden Punkte. Schon nach kurzer Zeit müssen Sie selbst gar nicht mehr auf die Liste schauen, denn Sie kennen Ihre Zuordnung auswendig. Wenn andere Familienmitglieder den Hund nach Ihrer Anweisung füttern sollen, ist sie aber weiterhin sehr hilfreich.

Beispiel für die Kennzeichnung:

Rot:	Rind
Grün:	Lamm
Gelb:	Geflügel
Blau:	Fisch
Schwarz:	Wild
Weiß:	Innereien

Sinnvoll ist die Anschaffung einer Waage, die in der Nähe der Spüle an der Wand montiert werden kann. Achten Sie – je nach Größe und Gewicht des Hundes – beim Kauf auf die maximale Belastbarkeit der Waage. Die meisten im Einzelhandel erhältlichen Küchenwaagen dürfen mit 2 Kilogramm belastet werden. In der Regel ist das auch ausreichend.

Zweckentfremdung: Flüssigseifenspender für das Öl und ein Zuckerstreuer für Kokosraspel. (Foto: Sabine Hans)

Zur Portionierung des Fleisches können Sie eine Grillzange verwenden, wenn Sie das Fleisch nicht anfassen mögen. Dünne Plastikhandschuhe aus dem Drogeriemarkt haben sich auch bewährt.

Die notwendigen Öle lassen sich mithilfe von Flüssigseifenspendern (die selbstverständlich zuvor von jeglichen Seifenresten gereinigt werden müssen) hervorragend portionieren. Die verwendeten Spender sollten blickdicht sein oder in einem dunklen Schrank aufbewahrt werden, weil viele Öle bei Tageslicht und direkter Sonneneinstrahlung schnell an Qualität verlieren.

Anschaffungskosten für die Must-haves

- *Gemüsemixer ab 30 Euro*
- *Gefrierdose je nach Größe 0,50 bis 2 Euro*
- *Flüssigseifenspender etwa 10 Euro*
- *Zuckerspender etwa 2 Euro*
- *Flaschenbürste etwa 5 Euro*
- *Grillzange etwa 4 Euro*
- *Teigschaber etwa 2 Euro*

Geschenkanhänger aus dem Schreibwarengeschäft eignen sich sehr gut zur Kennzeichnung. Sie sind dekorativ und lassen sich beim Wechsel der Ölsorte leicht austauschen. Ein Zuckerspender kann zum Einsatz kommen, wenn pulverartige Zusätze wie beispielsweise Heilerde, geraspelte Kokosnuss oder gemahlene Eierschalen gefüttert werden sollen.

Bei großen Hunden, die dementsprechend große Tagesrationen fressen, ist es sicherlich sinnvoll, über die Anschaffung einer eigenen „Hundefutter-Tiefkühltruhe" nachzudenken, die beispielsweise im Keller aufgestellt werden kann. Hierbei sollten Sie dringend auf den Stromverbrauch achten, denn Kühlgeräte können gierige Stromschlucker sein. Entscheiden Sie sich deshalb möglichst für ein Gerät der Energieeffizienzklasse A. Kühltruhen sind generell empfehlenswerter als Kühlschränke, da Sie weniger Strom verbrauchen und größere Mengen fassen. Vergessen Sie nicht, Ihren Vermieter auf das neue Gerät im Keller hinzuweisen. Häufig wird der Kellerstrom von der Hausgemeinschaft bezahlt, sodass Unmut aufkommen könnte, wenn Sie das Gerät unangekündigt betreiben. Angebote für günstige gebrauchte Kühltruhen finden Sie beispielsweise in der Tagespresse oder auf Internetportalen. B-Ware mit kleinen Beschädigungen oder Kratzern ist auch neu viel preiswerter.

Möglicherweise muss bei der Umstellung auf die Frischfütterung ein neuer Napf gekauft werden, weil die Portionen im Vergleich zum Trockenfutter voluminöser ausfallen.

Der Thermomix® – eine Arbeitserleichterung

Nach sehr reiflicher Überlegung habe ich mir vor einiger Zeit einen Thermomix® aus dem Hause Vorwerk geleistet. Er ist mit einem Anschaffungspreis von über 1000 Euro ein absolutes Luxushaushaltsgerät. Aus Angst, dass er – wie so viele zunächst euphorisch herbeigesehnte Haushaltsgeräte – schließlich doch ein Schattendasein im dunklen Südeneck fristen würde, habe ich mir bis zur tatsächlichen Kaufentscheidung einige Jahre lang Zeit gelassen. Mittlerweile möchte ich ihn jedoch nicht mehr missen. Ich hätte nie gedacht, welch große Zeitersparnis er mir im Alltag bringt. Das Gerät hat 12 verschiedene Funktionen, die sich alle sofort und ohne etwas umzubauen nutzen lassen. Außerdem ist der Thermomix® im Handumdrehen gesäubert oder die zu säubernden Teile verschwinden einfach in der Spülmaschine.

Im Nullkommanichts ist damit das Abendessen für die Familie hergestellt, und auch für die Hundefutterzubereitung ist der Thermomix® ideal. Eine Waage brauche ich nicht mehr, denn er wiegt auf 5 Gramm genau. Das Pürieren des Gemüses dauert bei sehr wasserhaltigen Sorten wie beispielsweise Gurke oder Zucchini nur etwa 5 Sekunden auf Stufe 10, härtere Sorten wie Kürbis brauchen etwa 10 Sekunden.

Das Fleisch bereite ich – weil ich es meinem Hund gern zerkleinert anbiete – ebenfalls im Thermomix® zu. Seit ich das Gerät habe, muss ich morgens noch nicht einmal mehr daran denken, die Abendportion aufzutauen.

Ein nicht gerade günstiger, aber sehr effektiver Helfer in der Küche: der Thermomix®. (Foto: Silke Böhm)

Wenn ich nach Hause komme, nehme ich die gewünschte Portion aus dem Tiefkühler, stelle sie auf die Spüle und lasse sie etwa 30 Minuten lang bei Zimmertemperatur antauen. Diese Zeit brauche ich ungefähr, um mein eigenes Abendessen im Thermomix® zuzubereiten. Anschließend gebe ich die Fleischstücke, die sich nun gut voneinander trennen lassen, in den Mixer. Reste von meiner Mahlzeit entferne ich in der Regel noch nicht einmal – das meiste schadet dem Hund ja nicht. Nur wenn es für mich etwas ganz besonders Scharfes oder für den Hund Unverträgliches gab, spüle ich den Thermomix® kurz aus. Die noch angefrorenen Fleischstücke werden nun 3-mal 5 Sekunden lang auf Stufe 5 zerhackt. Zwischendurch muss das Fleisch mit dem Spatel nach unten geschoben werden. Ganz so fein, wie wir es von durch den Fleischwolf gedrehtem Hackfleisch kennen, wird es im Thermomix® nicht, aber das muss auch nicht sein.

Natürlich lassen sich Fleisch und Gemüse im Thermomix® auch gleichzeitig bearbeiten.

Wer seinem Hund gern erwärmtes Futter anbieten möchte, kann die Masse direkt im Thermomix® leicht erwärmen. Dazu für 5 Minuten 30 Grad auf Stufe 2 einstellen. Der Thermomix® wärmt das Futter auf und rührt es dabei um, damit nichts anbrennt.

So appetitlich kann eine Mahlzeit für den Hund aussehen. (Foto: Silke Böhm)

Das Gemüse soll vor dem Verzehr gegart werden? Auch das ist kein Problem. Einfach 500 Gramm Wasser in den Mixtopf füllen und den Topf verschließen. Sofern es auch Kartoffeln geben soll, werden diese zuvor ins Garkörbchen gegeben und eingehängt. Danach kommt das kleingeschnittene Gemüse in den Thermomix®-Dünstaufsatz (Varoma), der ebenfalls verschlossen und auf den Mixtopf gesetzt wird. Alles zusammen wird 25 Minuten lang im Varoma gegart. Falls auch Fleisch oder Fisch mitgegart werden sollen, ist im Einlegeboden des Varoma Platz dafür.

Die alltägliche Routine

Nehmen Sie abends das portionierte und tiefgekühlte Fleisch aus dem Gefrierfach und lassen Sie es über Nacht im Kühlschrank langsam auftauen. Die Fleischdosen sollten dabei nie luftdicht verschlossen sein. Es können sich sonst für den Hund schädliche Keime entwickeln. Öffnen Sie die Dose und legen Sie den Deckel locker auf. Optimal ist es, wenn Sie die geöffnete Dose im Kühlschrank in einen Steinguttopf stellen, von dessen Deckel Sie den Gummiring entfernt haben, damit er nicht mehr luftdicht abschließen kann.

Am Morgen wird der Behälter aus dem Kühlschrank genommen und bei Raumtemperatur aufbewahrt. Auch dann sollte der Deckel nicht luftdicht verschlossen sein. Daneben wird das Gemüse oder Obst deponiert, damit es ebenfalls Verzehrtemperatur annimmt. Zur Fütterungszeit pürieren Sie das zuvor in grobe Stücke geschnittene Gemüse oder Obst mit Wasser, den Zusätzen und Ölen im Gemüsemixer oder im Thermomix®, damit sich eine für den Hund leicht verdauliche, sämige Masse ergibt. Anschließend wird das Fleisch untergemengt – fertig ist das Futter für den Hund.

Bekommt der Hund größere Fleischstücke oder Knochen draußen, erspart man sich Putzarbeit. (Foto: Silke Böhm)

In welcher Größe Sie Ihrem Hund das Fleisch anbieten, liegt ganz in Ihrem Ermessen. Sie können es am Stück verfüttern, wie Gulasch kleinschneiden oder auch im Thermomix® hacken. Manche Hunde wollen im Ganzen verfütterte Fleischstücke noch „totschütteln". Mit Rücksicht auf denjenigen, der später die Küche putzen muss, sollte man das Fleisch dann kleinschneiden, auch wenn dem Hund das Schütteln noch so viel Spaß bereitet. Wer einen Garten hat, kann die „Am-Stück-Fütterung" nach draußen verlegen. Dort kann der Hund sein Fleisch nach Belieben und so lange er will „erlegen".

Viele Hunde wollen das Gemüse nicht pur fressen. In solchen Fällen püriert man das Fleisch einfach zusammen mit dem Gemüse. Da kann dann auch der mäkeligste Hund es nicht mehr separieren und das Grünzeug stehen lassen. Bedenken, dass der Hund dann ja nichts mehr zu kauen hat, müssen Sie nicht haben. Die Säuberung der Zähne und das für den Hund beruhigende Nagen erfolgen bei der Knochenmahlzeit. Beim Kauen von getrockneten Ochsenziemern, Strossen (Luftröhren) und Pansensticks werden die Zähne ebenfalls gereinigt. Bei älteren, nicht mehr so sehr kaufreudigen Hunden oder solchen, die selten oder nie Knochen bekommen, muss der Zahnstein regelmäßig vom Tierarzt entfernt werden. Auch ist es ratsam, solchen Hunden die Zähne zu putzen. Passende Zahnbürsten für den Hund bekommen Sie im Fachhandel.

Bekommt der Hund mehrere Mahlzeiten am Tag, kann das vorbereitete Hundefutter in einer Schale aufbewahrt werden. Achten Sie wieder darauf, dass der Behälter nicht luftdicht abgeschlossen ist.

Knackig frisch in den Napf!

Sie können die Schale mit einer Untertasse abdecken. So kommt genügend Luft hinein und es können sich keine schädlichen Keime entwickeln. Geruchsbelästigung ist dabei nicht zu befürchten. Frisches Fleisch riecht nicht unangenehm.

Die Umstellung

Bei der Umstellung auf Frischfutter muss bei manchen Hunden mit leichten Entgiftungserscheinungen wie Durchfall, Verstopfung, Schleim im Kot, Erbrechen, Juckreiz oder Hautproblemen gerechnet werden. Diese können sofort auftreten, manchmal aber auch noch nach einiger Zeit. Die Tiere gewöhnen sich jedoch in der Regel schnell an die neue Fütterung. Sollten die Entgiftungssymptome länger zu beobachten sein, ist auf alle Fälle ein Gang zum Tierarzt notwendig, um andere Ursachen auszuschließen. Unterstützen Sie den Umstellungsprozess durch die Stärkung des Immunsystems Ihres Hundes, indem Sie ihm z. B. Beispiel die Frühjahrskur (siehe Kapitel „Kuren gegen Alltagsprobleme") verabreichen oder das Futter mit vielen guten Kräutern anreichern.

Die Umstellung von Trockenfutter auf die Rohfütterung kann innerhalb von 2 bis 3 Tagen vollzogen werden. Während dieser kurzen Umstellungsphase achten Sie bitte darauf, dass zwischen der Fütterung von Trockenfutter und frischer Nahrung mindestens 12 Stunden liegen, da die Verdauungszeiten sehr unterschiedlich sind.

Bei der Gabe von Feuchtfutter muss diese Zeitspanne nicht zwingend eingehalten werden. Gesunde, stabile Hunde verkraften eine Umstellung von heute auf morgen in der Regel problemlos. Füttern Sie in der ersten Zeit leicht verdauliches Gemüse und variieren Sie den Speiseplan nicht zu stark, damit sich Ihr Hund an das neue geschmackliche Feuerwerk gewöhnen kann. Behalten Sie im Hinterkopf: Sic müssen nicht täglich ausgewogene Mahlzeiten anbieten. Viel wichtiger ist es, dass die Ernährung über einen längeren Zeitraum ausgewogen ist.

Mein Alltagstipp

Sie können eine kleine, durchlöcherte Plastikdose mit Fleisch füllen, sie in der Wohnung oder im Garten verstecken und den Hund danach suchen lassen. Wenn er die Dose gefunden hat, bekommt er das Stück Fleisch. Ein lustiges Spiel für Hund und Mensch, das Ihren Hund bestimmt auf den Geschmack von frischem Fleisch bringt!

Einige Hunde mögen zunächst kein rohes Fleisch. In solchen Fällen können Sie das Fleisch kurz mit heißem Wasser überbrühen oder im Varoma des Thermomix® dämpfen. Das Brühwasser sollten Sie mitverfüttern, weil es wertvolle Nährstoffe enthält. Achten Sie aber darauf, das Futter nicht zu heiß anzubieten.

Durch die Rohfütterung wird der Atem des Hundes oft geruchsneutraler. (Foto: Shutterstock.com)

trockenen Eierschalen in den Mixtopf, schließen den Deckel und mahlen 7 Sekunden auf Stufe 7. Achten Sie darauf, dass der Mixtopf wirklich komplett trocken ist. Lassen Sie dazu den Schneideeinsatz wenige Sekunden „leer laufen", bevor die Eierschalen pulverisiert werden. Sie können die getrockneten Eierschalen auch in einem Mörser zerstoßen. Ich bewahre das Eierschalenmehl in einem dunklen Apothekerglas auf und portioniere es mithilfe eines Zuckerstreuers.

Mein Alltagstipp

Wenn Sie zu Dekorationszwecken noch eine alte Kaffeemühle haben, sollten Sie sie zum Leben erwecken. Die Eierschalen lassen sich mit ihrer Hilfe perfekt zermahlen.

Um den Hund auf den Geschmack von rohem Fleisch zu bringen, kann man die Brühzeit immer weiter verringern, bis man letztendlich das Fleisch in rohem Zustand anbietet.

In der Anfangszeit sollten Sie möglichst keine Knochen füttern, weil sich das Verdauungssystem des Hundes erst an die Frischfleischfütterung gewöhnen muss. Um die Kalziumversorgung zu gewährleisten, füttern Sie entweder getrocknete und zermahlene Eierschalen oder Kalziumcitrat aus der Apotheke. Eierschalenmehl können Sie gut im Thermomix® herstellen. Dafür geben Sie die

Es kann vorkommen, dass die „Winde" des Hundes während der Umstellungsphase ein wenig intensiver und häufiger werden. Da müssen Sie durch. Sobald sich der Verdauungstrakt Ihres Hundes an die frische Nahrung gewöhnt hat, verschwinden sie in der Regel völlig. Wenn die Geruchsbelästigung Sie zu sehr stört, können Sie etwas zerstoßenen Kümmel unter das Futter geben. Fenchel und Anis haben ebenfalls eine die Verdauung unterstützende Wirkung. Sie werden im Übrigen auch feststellen, dass der Atem Ihres Hundes geruchsneutraler wird.

Um den Tagesbedarf Ihres Hundes zu errechnen, müssen Sie sein Gewicht kennen. (Foto: Sabine Hans)

Mengenverhältnisse

Als Richtlinie gilt, dass der Tagesbedarf eines Hundes bei 2 bis 3 Prozent seines Körpergewichts liegt. Ein 10 Kilogramm schwerer Hund bekommt demnach 200 bis 300 Gramm pro Tag, ein 40 Kilogramm schwerer Artgenosse 800 bis 1200 Gramm.

Natürlich hängt der Energiebedarf vom jeweiligen Hund ab. Ein wilder Renner oder ein kleiner Hektiker braucht sicherlich mehr Futter als ein Hund, der den größten Teil des Tages in seinem Körbchen verschläft. Auch jagdlich geführte Hunde oder Hunde, die im Agility oder Turnierhundesport aktiv sind, sollten mehr Futter bekommen. Die Jahreszeit spielt ebenfalls eine Rolle: Im Winter brauchen viele Hunde mehr Futter als in den wärmeren Jahreszeiten.

Sie werden es Ihrem Hund bald ansehen, ob er mehr oder weniger Nahrung braucht, denn bei der Frischfleischfütterung reagiert der Hundekörper sehr schnell. Auch werden Sie schon bald von dem anfangs nahezu unabdingbaren Wiegen auf der Küchenwaage zur Portionierung „Pi mal Daumen" übergehen können.

Das empfohlene Mengenverhältnis von Fleisch und Gemüse kann recht unterschiedlich sein. So reicht z. B. die empfohlene Fleischmenge je nach Informationsquelle von 30 bis 70 Prozent. Der restliche Anteil besteht aus Gemüse und Obst. Hierbei muss berücksichtigt werden, dass der Fleischbedarf eines Hundes unter anderem von Leistung, Alter, Lebensphase und gesundheitlichem Zustand abhängt. So darf eine laktierende Hündin oder ein viel eingesetzter Gebrauchshund ruhig mehr Fleisch bekommen als ein Familienhund, der körperlich nicht besonders stark gefordert wird.

Im Folgenden gehe ich der Einfachheit halber davon aus, dass der Hund zu 50 Prozent mit Fleisch und zu 50 Prozent mit Obst und Gemüse ernährt wird. Ich betone aber nochmals, dass das genaue Verhältnis eine individuelle Angelegenheit ist und jeder Hundebesitzer das richtige Maß für seinen Hund schnell herausfinden wird. Nach dem von mir angewandten Mengenverhältnis wird ein 10-Kilo-Hund also täglich etwa mit 100 bis 150 Gramm Gemüse und ebenso viel Fleisch ernährt.

Der 40 Kilogramm schwere Kollege bekommt demnach 400 bis 600 Gramm Gemüse und ebenso viel Fleisch. Die nötige Futtermenge hängt auch von der Tagesform des Hundes ab. So bekommt mein sehr aktiver 10-Kilo-Terrier gelegentlich 80 Prozent Fleisch oder eine komplette Fleischmahlzeit, die beispielsweise aus einer kleinen oder einer halbierten großen Beinscheibe besteht. Beginnen Sie einfach mit den Empfehlungen aus diesem Buch und passen Sie die Ration nach und nach an die individuellen Bedürfnisse Ihres Hundes an.

Mein Alltagstipp

Sollte Ihr Hund etwas übergewichtig sein können Sie dem entgegenwirken, indem Sie einfach den Gemüseanteil erhöhen und den Fleischanteil entsprechend reduzieren. Sie werden die Pfunde sehr schnell purzeln sehen, ohne dass der Hund hungern muss.

Wo bekomme ich das frische Fleisch?

In jeder größeren Stadt gibt es Läden, die frische Tiernahrung anbieten. Adressen finden Sie im Branchenbuch oder online. Es kann sehr sinnvoll sein, vor dem geplanten Einkauf bei dem jeweiligen Händler anzurufen und nachzufragen, ob frisches oder gefrorenes Fleisch tatsächlich verfügbar ist, denn nicht immer sind die Kühl- oder Gefriertruhen gut befüllt.

Sie können auch direkt im Internet bestellen. Die Qualität des in Onlineshops angebotenen Fleisches ist in der Regel zufriedenstellend bis sehr gut. Lediglich bei den Lieferzeiten und Lieferbedingungen gibt es große Unterschiede. Wenn Sie sich für einen Internetanbieter entschieden haben, empfiehlt sich ein Anruf bei der Kundenhotline, um die Lieferzeiten zu erfragen. Die Onlineshops liefern mit der Post oder einem Kurier. Da die Kühlkette nicht unterbrochen werden sollte, ist es wichtig, dass Sie zu Hause sind oder gewährleisten können, dass ein Nachbar die Lieferung entgegennimmt und gleich in den Kühlschrank beziehungsweise Gefrierschrank legt. Im Sommer kann es Lieferschwierigkeiten geben, denn einige Shops liefern ab einer gewissen Temperatur kein frisches Fleisch aus. Gefrorenes Fleisch wird jedoch oft weiter angeboten.

Achten Sie beim Fleischkauf auf das Verfallsdatum, denn es soll ja teilweise als Vorrat dienen. Beim Verfüttern müssen Sie es mit dem Verfallsdatum nicht ganz so genau nehmen. Ich gebe meinem Hund eingefrorenes Fleisch auch dann, wenn es schon etwas „drüber" ist, aber noch gut aussieht. Hat es jedoch grünlich schimmernde Stellen, sollte das Stück direkt entsorgt werden.

Sie können außerdem beim Schlachthof oder Schlachter Ihres Vertrauens nach „Schlachtresten" fragen. Lassen Sie sich nicht von dem negativen Klang des Wortes irritieren.

Knackig frisch in den Napf!

Auch Wild ist zur Fütterung geeignet. Sprechen Sie einfach Jäger aus Ihrer Umgebung an. (Foto: Silke Böhm)

Die Reste kommen von Tieren, die für den menschlichen Verzehr geeignet sind – es handelt sich also um einwandfreie Ware. Sofern die Nachfrage durch andere Hundehalter nicht allzu groß ist, werden Sie sicher einen guten Preis bekommen.

Sollten Sie einen Jäger im Bekanntenkreis haben, pflegen Sie diese Freundschaft! Wild ist – sowohl für Menschen als auch für Hunde – eine besondere Spezialität. Da die Nachfrage nach Wildfleisch sehr hoch ist, wird ein Jäger das kostbare Wildbret allerdings lieber für Ihren persönlichen Verzehr reservieren. Für Ihren Hund können Sie aber Pansen, Herz und Lunge bekommen. Falls Sie selbst keinen Jäger kennen, erkundigen Sie sich bei der Jagdbehörde Ihrer Stadt oder Gemeinde nach dem Revierinhaber in Ihrer Nähe und sprechen Sie ihn an. Bei Wildfleisch können Sie sicher sein, dass das Tier natürlich aufgewachsen ist und sich gesund von dem ernährt hat, was in seinem Lebensraum zu finden ist. Wildschwein sollte allerdings nicht auf dem Speiseplan des Hundes stehen, da es mit dem Aujeszky-Virus infiziert sein könnte (siehe Kapitel „Welches Fleisch ist geeignet?").

Bei kleinen Engpässen können Sie das Fleisch im nächsten Supermarkt kaufen. Achten Sie auch hier unbedingt auf das Haltbarkeitsdatum. Da man in der Regel nicht weiß, wie lange das Fleisch bereits in der Theke lag, sollte es sofort im Napf oder in der Gefriertruhe landen. Der Kauf im Supermarkt sollte bei der Fleischbeschaffung jedoch die Ausnahme bleiben. Das Fleisch ist im Vergleich zu den Resten vom Schlachter oder der speziell für die Hundefütterung angebotenen Ware aus dem Internet unverhältnismäßig teuer. Außerdem: Je mehr Hunde Fleisch bekommen, das für den menschlichen Verzehr gedacht ist, desto mehr Fleisch muss produziert werden. Da im Schlachtbetrieb aber ohnehin schon hochwertige Reste anfallen, die sonst im Abfall landen würden, sollte man besser darauf zurückgreifen.

Kaufen Sie Fleisch prinzipiell in großen Stücken. Bereits kleingeschnittenes oder gar durch den Fleischwolf gedrehtes Fleisch ist weniger lange haltbar. Während größere Stücke auch mal für 2 bis 3 Tage im Kühlschrank zwischengelagert werden können, muss Hackfleisch entweder sofort verfüttert oder umgehend eingefroren werden.

Welches Fleisch ist geeignet?

In der Regel werden in Zoohandlungen Teile vom Rind angeboten, darunter reines Muskelfleisch, Maulfleisch, Pansen, Blättermagen, Herz, Schlund, Leber und Mischfleisch. Manchmal findet man auch Geflügelfleisch. Ebenso geeignet ist Fleisch vom Lamm, Pferd oder Wild. Exotisches Fleisch wie Antilope oder Fleisch aus weit entfernten Ländern, wie argentinisches Rind, sollten Sie lieber nicht kaufen. Es ist überteuert und musste einmal um die halbe Welt geflogen werden. Umweltfreundlich geht anders!

Auf die Fütterung von rohem Schweinefleisch (ob vom Wild- oder Hausschwein) sollten Sie prinzipiell verzichten. Schweine können das für Hunde tödliche Aujeszky-Virus weitergeben. Zwar gilt Deutschland offiziell als Aujeszky-Virus-frei, es ist aber dennoch Vorsicht geboten, zumal in den vergangenen Jahren einige Jagdhunde an diesem Virus eingegangen sind, weil sie sich an Wildschweinen angesteckt hatten. Bedenken Sie: Auch rohes Hackfleisch vom Schwein oder gemischtes Hackfleisch, das anteilig aus Schweinefleisch besteht, ist nicht für die Hundefütterung geeignet.

Die Auswahl an für Hunde geeigneten Fleischsorten ist groß. (Foto: Silke Böhm)

Fisch ist ein toller Eiweißlieferant. Er kann roh und im Ganzen verfüttert werden. (Foto: Silke Böhm)

Innereien werden 1- bis 2-mal in der Woche verfüttert. Pansen und Blättermagen sollte Ihr Hund „grün", also ungewaschen bekommen. In diesem Zustand enthalten sie vorverdautes Getreide, das Ihr Hund exzellent verwerten kann. Herz ist nicht, wie häufig angenommen, eine Innerei, sondern gehört zum Muskelfleisch.

Leber sollte alle 2 Wochen auf dem Speiseplan stehen, denn sie liefert ausreichend Vitamin A. Sie wird jedoch häufig roh nicht akzeptiert. Daher überbrüht man sie entweder oder man püriert sie mit einer Sorte Fleisch, die der Hund gern frisst. Sollte er sie auch dann nicht annehmen wollen, kann man sie in kleinen Stückchen dörren. So mag er sie vielleicht lieber.

Sie können Ihrem Vierbeiner auch Fisch anbieten. Er wird roh und im Ganzen oder püriert verfüttert. Die Gräten dürfen ruhig mitverfüttert werden. Sie stellen für den Hund keine Gefahr dar. Fisch verdirbt sehr schnell. Im Gegensatz zu „angegangenem" Fleisch, das man Hunden ruhigen Gewissens anbieten kann, sollte man älteren Fisch direkt entsorgen. Deshalb gilt: Nach dem Kauf die Fische entweder sofort verfüttern oder ganz schnell einfrieren.

Beobachten Sie die Fischpreise in Ihrer Umgebung, denn diese sind tagesabhängig. Da der Freitag traditionell ein Fischtag ist, sind die Preise in einigen Gegenden gerade am Donnerstag und Freitag sehr hoch. Samstags, montags und dienstags kostet Fisch in der Regel weniger. Es lohnt sich auch, beim Fischgroßhändler nach Bauchlappen zu fragen. Diese werden meistens am Nachmittag zu Fischgerichten und Frikadellen verarbeitet. Sie liegen preislich weit unter ganzen Fischen!

Thunfisch, Sardinen und Co. aus der Dose sollten wegen des hohen Salzgehalts abgewaschen werden. Allerdings sind die meisten Hunde wild auf das Fischöl, sodass man ihnen dieses ab und zu gönnen sollte. Damit lässt sich auch gut ein beim Hund nicht besonders beliebtes Gericht – beispielsweise Leber – verfeinern.

Zur Erinnerung: Wie Sie das Fleisch anbieten, steht Ihnen frei. Manche Hunde mögen keine großen Brocken, andere hingegen lieben sie. Wieder andere nehmen freiwillig kein Gemüse auf, sodass es nötig ist, Fleisch und Gemüse gemeinsam zu pürieren.

Fleischsorte	Verfütterbare Teile	Anmerkung
Rind	Alles Erhältliche, auch Innereien	Mageres Fleisch
Lamm	Alles Erhältliche, bis auf den Darm, weil darin Parasiten vorkommen können	Fettes Fleisch
Pferd	Alles Erhältliche, keine Innereien	Mageres Fleisch
Geflügel	Alles Erhältliche	Leicht verdaulich, auch als Schonkost geeignet
Wild (wie Reh und Hase) außer Wildschwein	Alles Erhältliche	Mageres Fleisch
Fisch	Ganze Fische – inklusive der Gräten	Leicht verdaulich, auch als Schonkost geeignet
Schwein/Wildschwein	Sollte prinzipiell nicht verfüttert werden	

Knackig frisch in den Napf!

Welche Gemüse- und Obstsorten sind geeignet?

Wie bereits erwähnt, müssen Obst und Gemüse entweder püriert oder kurz angedünstet werden, um für den Hund verwertbar zu sein. Da beim Dünsten Vitamine verloren gehen, ist Pürieren die bessere Alternative. Bevorzugt sollten grüne Gemüsearten wie Salate, Zucchini oder Salatgurke Verwendung finden. Sie enthalten viel für den Hund wertvolles Chlorophyll.

Es darf nahezu alles an Obst und Gemüse angeboten werden. Es gibt nur wenige Ausnahmen (siehe die folgende Negativliste). Aus Kostengründen und aus ökologischer Sicht ist es jedoch sinnvoll, sich beim Kauf nach folgendem Saison- und Angebotskalender zu richten.

In der Regel vertragen Hunde auch Kohl, allerdings kann es hier zu Blähungen und unerwünschten „Winden" kommen. Dies gilt ebenso für Hülsenfrüchte wie Erbsen, Linsen und Bohnen. Angedünstet werden Kohl und Hülsenfrüchte für den Verdauungstrakt des Hundes viel bekömmlicher.

Nachtschattengewächse wie Tomaten enthalten das für Hunde giftige Solanin. Sie sollten, wenn überhaupt, nur in sehr reifem Zustand und selten verfüttert werden. Auberginen, ebenfalls Nachtschattengewächse, eignen sich prinzipiell nicht für die Ernährung von Hunden. Ihr Solaningehalt ist zu hoch. Kartoffeln, die auch zu dieser Gruppe gehören, dürfen hingegen gekocht sehr wohl im Napf landen. Sie sind als Kohlehydratquelle sogar sehr gut geeignet.

Alle Zwiebelgewächse wie Lauch, Frühlingszwiebeln oder Gemüsezwiebeln sollen unbedingt vermieden werden. Sie enthalten Schwefelverbindungen, die dem Hund – in größeren Mengen verabreicht – schaden können. Auch Avocado gehört nicht in den Napf. Sie enthält die für Hunde – und auch für Katzen – giftige Substanz Persin, die Herzmuskelschädigungen verursachen kann.

	Jan	Feb	Mär	Apr	Mai	Jun	Jul	Aug	Sep	Okt	Nov	Dez
Äpfel	x	x	x	x	x	x	x	x	x	x	x	x
Aprikosen					x	x	x	x	x			
Artischocke			x	x	x							
Bananen	x	x	x	x	x	x	x	x	x	x	x	x
Birnen	x	x	x	x	x	x	x	x	x	x	x	x
Blattsalate	x	x	x	x	x	x	x	x	x	x	x	x
Blumenkohl	x	x	x	x	x	x		x	x	x	x	x
Brombeeren							x	x	x	x		
Chicorée	x	x	x	x					x	x	x	x
Erdbeeren			x	x	x	x	x	x			x	x
Fenchel	x	x	x	x	x	x	x	x	x	x	x	x
Heidelbeeren						x	x	x	x			
Himbeeren						x	x	x	x			
Johannisbeeren						x	x	x				
Kartoffeln**	x	x	x	x	x	x	x	x	x	x	x	x
Kirschen						x	x	x	x	x		
Kohl***	x	x	x	x	x	x	x	x	x	x	x	x
Kohlrabi***		x	x	x	x	x	x	x	x	x	x	
Kresse*	x	x	x	x	x	x	x	x	x	x	x	x
Kürbis							x	x	x	x	x	x
Mirabellen						x	x	x	x			
Möhren	x	x	x	x	x	x	x	x	x	x	x	x
Nektarinen						x	x	x	x			
Pfirsiche						x	x	x	x			
Pflaumen						x	x	x	x	x		
Preiselbeeren					x	x	x	x	x	x	x	
Rosenkohl	x	x	x	x	x				x	x	x	x
Rüben	x	x	x	x	x	x	x	x	x	x	x	x
Salatgurken	x	x	x	x	x	x	x	x	x	x	x	x
Sellerie	x	x	x						x	x	x	x
Spargel****		x	x	x	x	x						
Tomaten, reif****	x	x	x	x	x	x	x	x	x	x	x	x
Zucchini	x	x	x	x	x	x	x	x	x	x	x	x

x – im Handel zu günstigen Preisen vorhanden x – aus heimischem Freilandanbau * selbst gezogen oder TK
** nur gekocht verfüttern *** gehört zu den Kohlsorten und kann Blähungen verursachen, eventuell leicht gedünstet anbieten
**** nur in kleinen Mengen füttern

Knackig frisch in den Napf!

Ebenso wie beim Gemüse muss auch beim Füttern von Obst darauf geachtet werden, dass es reif ist. Es darf sogar gern überreif sein.

Weintrauben sollte der Hund auf keinen Fall bekommen, auch nicht in getrockneter Form als Rosinen. Bei Steinobst muss der Kern entfernt werden.

Bei den für Hunde ungesunden Sachen macht allerdings teilweise die Dosis das Gift. Wenn Sie – wie viele Hundehalter – der Meinung sind, dass Knoblauch Zecken und Flöhe abwehrt, können Sie bedenkenlos hin und wieder eine kleine Zehe oder etwas Knoblauchgranulat verfüttern.

Negativliste auf einen Blick

Hülsenfrüchte: Erbsen, Linsen, Bohnen	Schwer verdaulich; können Blähungen und Krämpfe verursachen.	Gekocht können Hülsenfrüchte in kleinen Mengen gefüttert werden.
Nachtschattengewächse: Tomaten, Auberginen, Paprika, Kartoffeln	Enthalten im unreifen Zustand das Toxin Solanin.	Tomaten kann man in sehr reifem Zustand in geringen Mengen füttern. Paprika und Auberginen immer vermeiden. Gekochte Kartoffeln kann man ohne Bedenken anbieten.
Zwiebelgewächse: Lauch, Porree, Frühlingszwiebeln, Schalotten, Knoblauch	Enthalten Solanin, nicht geeignet für den Hund.	**Nie füttern!** Es ist allerdings umstritten, ob Knoblauch für den Hund ungeeignet ist. In geringen Mengen wird ihm Wirksamkeit gegen Flöhe und Zecken zugeschrieben.
Kohlarten: Blumenkohl, Rosenkohl, Brokkoli, Kohlrabi, Blattkohl, Wirsing	Schwer verdaulich; können zu Blähungen und Krämpfen führen.	Gekocht werden die Kohlsorten in der Regel gut vertragen und können zugefüttert werden.
Avocados	Manche Sorten enthalten das Toxin Persin, das für den Hund tödlich sein kann.	**Nie füttern!**
Weintrauben	Können Nierenschäden bewirken.	**Nie füttern!** Auch Rosinen sind nicht zur Verfütterung geeignet.
Obstkerne	In Obstkernen befindet sich tödliche Blausäure.	Auch im Garten und in der Natur darauf achten, dass der Hund kein Kernobst aufnimmt.
Schokolade/Kakao	Das enthaltene Alkaloid Theobromin wirkt sich auf die Herz-Kreislauf-Funktion von Hunden negativ aus. Kann tödlich sein.	Nie Schokolade in Reichweite des Hundes liegen lassen.
Schwein/Wildschwein	Könnte das Aujeszky-Virus enthalten.	Sollte prinzipiell **nicht verfüttert** werden.

Nicht alles, was der Hund mag, ist erlaubt. Hier einige Beispiele für Tabunahrungsmittel. (Foto: Sabine Hans)

Auch wenn der Hund zur Erntezeit den einen oder anderen Apfel samt Kernen vernascht, wird ihm das nicht schaden.

In vielen handelsüblichen Flockenmischungen für Hunde befindet sich Lauch, jedoch in so geringen Mengen, dass er ungefährlich ist. Er wird deshalb untergemischt, weil er den Geschmack für den Hund verbessert und die Mischung für den Hundehalter appetitlicher riecht, was ihn zum weiteren Kauf des Flockenfutters animieren soll. Ich möchte an dieser Stelle nochmals darauf hinweisen, dass die Zufütterung teurer Flockenmischungen nicht nötig ist.

Milch und Milchprodukte

Milch und Milchprodukte sind für die Ernährung von Hunden nicht relevant. Viele Hunde vertragen sie auch schlecht und bekommen davon heftige Verdauungsprobleme. Es gibt jedoch Hunde, die Frisch- oder Hüttenkäse, Quark oder Joghurt als wahre Delikatessen ansehen. Wenn diese Produkte Ihrem Hund schmecken und er sie gut verdauen kann, spricht nichts dagegen, ab und zu einen Löffel davon unter das Futter zu mischen. Sahne eignet sich sogar gut zum Aufpäppeln eines abgemagerten Hundes, sofern er sie verträgt.

Knackig frisch in den Napf!

Und das Auslecken eines Joghurtbechers macht Hunden Spaß. Wenn Sie Ihrem Hund dieses Vergnügen nicht zu häufig gönnen, kann auch der Zuckeranteil eines Fruchtjoghurts vernachlässigt werden.

Die meisten Hunde mögen sehr gern Käse. Es ist auch nichts dagegen einzuwenden, wenn er gelegentlich als Belohnung eingesetzt wird. Hart- und Schimmelkäse sollten jedoch nicht auf dem täglichen Speiseplan stehen. Entgegen aller Vorurteile verliert der Hund nach dem Genuss eines Stückchen Käses nicht seinen Geruchssinn. Der Grund, warum Hunde nur wenig Käse bekommen sollten, ist der hohe Salzgehalt.

Mein Alltagstipp

Wenn Sie Ihrem Hund eine bisher unbekannte Mahlzeit anbieten und er sie nicht mag, können Sie einige Raspel Parmesan darüberstreuen. Dann wird er es in der Regel gern fressen.

Milch als Wasserersatz anzubieten, ist absolut abzulehnen! Ausreichend frisches Wasser sollte dem Hund grundsätzlich ganztägig zur Verfügung stehen. Zwar wird Ihnen auffallen, dass Ihr Hund um einiges weniger trinkt als zu Zeiten von Trocken- und Feuchtfutter, weil sich im Frischfutter sehr viel mehr Wasser befindet, aber Zugang zu frischem Wasser ist für Hunde dennoch lebenswichtig.

Die Knochenmahlzeit

Knochen sind ein wichtiger Ernährungsbestandteil bei der Frischfütterung. Sie dürfen allerdings niemals gekocht, gebraten oder gegrillt verfüttert werden. Erwärmte Knochen können splittern und so den Hund innerlich verletzen. Auch rohe Röhrenknochen, z. B. vom Huhn oder der Pute (Flügel/Beine), sollten aufgrund der Splitterungsgefahr nicht angeboten werden. Mit allen anderen rohen Knochen hingegen versorgen Sie Ihren Hund mit Kalzium, Enzymen, Fetten, Proteinen und Mineralstoffen. Außerdem beschäftigt sich der Hund sehr lange mit seiner Mahlzeit. Ein Hund, der Knochen gut verträgt, wird sich auf seine Knochenmahlzeit freuen, wie Sie sich auf ein Festmahl.

Die Knochenmahlzeiten sollten Sie erst einführen, wenn sich das Verdauungssystem des Hundes auf die frische Nahrung eingestellt hat. Bis dahin muss auf eine kalziumreiche Ernährung geachtet werden. Viel Kalzium befindet sich z. B. in Eierschalen, die zerkleinert gefüttert werden. Meeresalgen, Petersilie, Sellerie, Spinat und Brunnenkresse sind ebenfalls wertvolle Kalziumlieferanten.

Ein ausgewachsener, gesunder Hund braucht pro Kilogramm Körpergewicht und Tag 50 Milligramm Kalzium. Ein 10 Kilogramm schweres Tier benötigt also täglich 5 Gramm Knochen oder ⅓ Teelöffel Eierschalen. Alternativ kann man auch ein Ergänzungspräparat aus der Apotheke füttern. Zu viel gefüttertes Kalzium schadet einem erwachsenen Hund nicht. Er scheidet aus, was er nicht

Zerstoßene Eierschalen können die Knochenmahlzeit ersetzen. (Foto: Silke Böhm)

benötigt. Bei Welpen und Junghunden in der Wachstumsphase sollte man die Kalziumgabe jedoch genau im Auge behalten.

Da es kaum praktikabel wäre, dem Hund täglich eine solch kleine Portion Knochen zu geben, ist es sinnvoll, sich auf 1 bis 2 Knochenmahlzeiten pro Woche zu konzentrieren. Zur Erinnerung: Der Hund braucht nicht täglich alle Bestandteile einer gesunden Ernährung. Über längere Sicht müssen Mineralien, Vitamine, Kalzium und Co. aber ausgewogen gefüttert werden.

Anfangs sollten Sie sich für Knorpel und weiche Knochen entscheiden, die Ihr Hund gut zerkauen kann, denn er muss sich erst einmal an die Knochenmahlzeit gewöhnen. Hier eignen sich besonders rohe Hühner- und Putenhälse oder Schlund vom Rind. (Bedenken Sie: Knorpel zählen nicht zu den Knochen und enthalten nicht besonders viel Kalzium.) Weiche Kalbsknochen sind ebenfalls gut geeignet für einen Anfänger. Später sind Markknochen, Beinscheiben vom Rind oder Ochsenschwänze eine Herausforderung für den erfahrenen Hund.

Manche Hunde reagieren auf Knochenmahlzeiten mit weißem, bröseligem Kot, den sie nur mit Schwierigkeiten absetzen können.

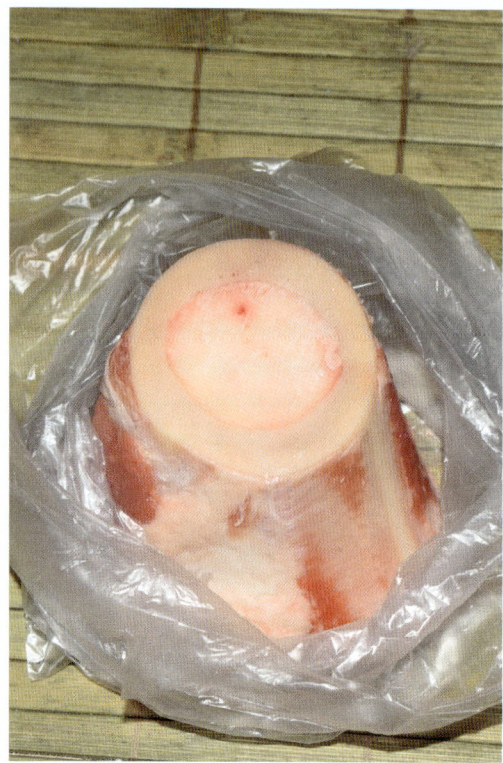

Putenhälse sind prima Knorpel für Anfänger.
(Foto: Sabine Hans)

Markknochen sind schon etwas für Fortgeschrittene.
(Foto: Silke Böhm)

Diese harten Hinterlassenschaften nennt man Knochenkot. Verhindern lassen sie sich meistens, wenn man Knochen mit viel Fleisch füttert. Neigt Ihr Hund dennoch zu „Absatzschwierigkeiten", sollten Sie von der Knochenfütterung Abstand nehmen und zu Eierschalen oder Ergänzungspräparaten greifen, um die Kalziumzufuhr sicherzustellen. Bestehen Sie nicht darauf, dass Ihr Hund Knochen bekommt, nur weil Sie der Meinung sind, dass das zur Frischfütterung dazugehört. Es kommt immer wieder vor, dass Knochenkot in der Tierklinik mittels Einlauf oder sogar operativ entfernt werden muss.

Welche Knochen sind geeignet?
- Rind: alle Knorpel wie Schlund, Stross (Luftröhre), Kehle, aber auch Markknochen, Beinscheiben, Brust, Rippen, Ochsenschwanz, Wirbelsäule, Schulter
- Lamm: Markknochen, Beinscheiben, Schlund, Rippen, Wirbelsäule
- Pferd: alle weicheren Knochen
- Geflügel: Hälse, Rippen, Wirbelsäule, Hühnerklein
- Wild, Kaninchen, Hasen: alle Knochen
- Schwein/Wildschwein: sollte prinzipiell nicht gefüttert werden!

Getreide ja oder nein?

Lange Zeit wurde angenommen, dass Hunde Getreide gar nicht verwerten können. Mittlerweile wurde allerdings wissenschaftlich erwiesen, dass dies nicht stimmt. Es gibt Hundehalter, die Getreide als „Magenfüller" zugeben. Wenn Sie das tun wollen, sollten Sie jedoch bedenken, dass Getreide entweder gekocht oder zumindest zum Quellen gebracht werden muss, bevor man es in den Napf gibt.

Viele Hunde reagieren allergisch auf Getreide. Ein häufiger Grund, warum vom Fertigfutter zur Frischfütterung übergegangen wird, denn Trockenfutter hat oft einen hohen Getreideanteil. Wenn der Hund Getreide verträgt, spricht nichts dagegen, ihm hier und da ein hart gewordenes (halbes) Brötchen oder übrig gebliebene Nudeln zu geben.

Als Schonkost während und nach Durchfällen oder anderen Krankheiten wird häufig empfohlen, Reis und Hühnchen oder Fisch zu füttern. Der Reis muss jedoch stark zerkocht werden, damit der Hund ihn verwerten kann. Bedenken Sie auch, dass Reis harntreibend ist, sodass der Hund sich häufiger lösen muss. Vollständig ersetzen kann Reis das Gemüse über einen langen Zeitraum aber nicht.

Sehr weich gekochter Reis mit Hühnchen hat sich als Schonkost bewährt. (Foto: Sabine Hans)

(Foto: Sabine Hans)

FUTTERZUSÄTZE

Die frischen Mahlzeiten für den Hund sollten neben den Hauptbestandteilen Fleisch/Fisch und Gemüse noch diverse Ergänzungen enthalten, von denen manche unbedingt notwendig und andere optional sind. Eine sehr wichtige Rolle bei der Frischfütterung spielen Öle, denn einige Gemüsesorten, beispielsweise Möhren, können ohne Öl vom Hund nicht verwertet werden. Leichte Beschwerden lassen sich häufig mit geeigneten Zusätzen wie bestimmten Kräutern, Heilerde oder Leinsamenschleim beheben oder zumindest lindern. Mit Nüssen und Kernen können Sie Ihrem Hund gelegentlich eine Freude bereiten. Sie werden in der Regel gern gegessen. Aber Achtung, sie sind kleine Dickmacher!

Salz und Öle

Entgegen der häufig angeführten Behauptung, dass Hunde gar kein Salz bekommen dürfen, ist das „weiße Gold" sogar ein notwendiger Bestandteil der gesunden Ernährung und sollte gegebenenfalls ergänzt werden. Es genügt, wenn Sie 1- bis 2-mal pro Woche eine Prise Meersalz in die Ration Ihres Hundes geben.

Wenn Sie Ihrem Hund beim Training hier und da mal ein Stückchen Käse oder Fleischwurst als Belohnungshappen schenken, können Sie die Salzgabe allerdings vernachlässigen, da in den beiden Produkten genügend Salz enthalten ist.

Futterzusätze

Auch wenn Sie die Möglichkeit haben, gelegentlich frisches Blut unter das Futter zu mengen, müssen Sie kein weiteres Salz zugeben, denn Blut liefert ausreichend davon.

Weil der Hund bei der Frischfleischfütterung einen hohen Anteil an Omega-6-Fettsäuren zu sich nimmt, müssen den Mahlzeiten Öle mit einem hohen Anteil an Omega-3-Fettsäuren zugegeben werden. Diese beiden Fettsäuren sind quasi Gegenspieler und müssen in einem ausgewogenen Verhältnis zueinander stehen. Walnussöl, Rapsöl, Flachsöl, Leinöl, Fischöl und Hanföl sind reich an Omega-3-Fettsäuren. Auch Lebertran eignet sich als Lieferant für diese Fettsäuren, sollte jedoch nicht zu häufig gefüttert werden.

Mein Alltagstipp

Probieren Sie die hier aufgelisteten Öle mal in Ihrem Salatdressing aus. Sie werden überrascht sein, wie lecker und bekömmlich sie sind. Von Lachsöl rate ich wegen des Geruchs allerdings ab.

Öle sollten Sie täglich füttern. Die jeweils empfehlenswerte Menge hängt von verschiedenen Faktoren ab. Muss der Vierbeiner abspecken, sollten Sie selbstverständlich eine geringere Dosierung nehmen als bei einem Hund, der eine gute Figur hat. Als Richtlinie gilt: Ein kleiner Hund bekommt einen guten Teelöffel Öl pro Tag, für einen großen Vierbeiner dürfen es gern 1 bis 2 Esslöffel sein. Fell- oder Hautprobleme kann man häufig sehr gut mit einem erhöhten Ölanteil im Futter lindern. Auch sehr aktive Hunde können mehr Öl bekommen.

Mein Alltagstipp

Fischöle, beispielsweise Lachsöl, riechen sehr streng und werden daher von den meisten Hunden geliebt. Sie eignen sich deshalb sehr gut, um dem Hund Futter schmackhaft zu machen, das er nicht so gern fressen möchte.

Die Verwendung verschiedener Öle bringt Abwechslung in den Speiseplan und eine veränderte Dosierung der essenziellen Fettsäuren. Hunde, die größtenteils mit Wild gefüttert werden, brauchen nicht so viele Omega-3-Fettsäuren, da das Fleisch von Wildtieren weniger Omega-6-Fettsäuren enthält und man in diesem Fall nicht gegensteuern muss.

Bei leichten gesundheitlichen Problemen können auch andere Öle als die bereits genannten sinnvoll sein. In der Tabelle finden Sie eine Übersicht über die verschiedenen Öle und ihre Eigenschaften und Vorteile. Kaufen Sie möglichst nur kalt gepresste Öle, da sie schonender hergestellt werden und somit vitaminreicher sind.

Kleine Ölkunde

Distelöl	Als Umschlag bei Verstauchungen und Quetschungen hilfreich
Fischöl	Reich an Omega-3-Fettsäuren, kann die Heilung von Entzündungen unterstützen; gilt als Tausendsassa
Flachsöl	Reich an Omega-3-Fettsäuren, kann vor Knochen- und Gelenkerkrankungen schützen
Hanföl	Reich an Omega-3-Fettsäuren, erhöht die Widerstandsfähigkeit und lässt äußerlich angewandt kleine Wunden besser heilen
Kokosöl, -raspel	Wird als Wurmprophylaxe eingesetzt
Kürbiskernöl	Wird bei Prostataleiden bei Rüden und bei Reizblase bei Hündinnen angewandt
Leinöl	Reich an Omega-3-Fettsäuren, verbessert die Fellqualität und kann bei Entzündungen von Magen und Darm helfen
Nachtkerzenöl	Hilfreich bei Hautproblemen und verfügt über entzündungshemmende Eigenschaften; kann auch bei Diabetes unterstützend verabreicht werden
Rapsöl	Reich an Omega-3-Fettsäuren, kann Blutfettwerte senken und wirkt sich positiv auf das Immunsystem aus
Schwarzkümmelöl	Wirkt bei Atemwegsbeschwerden und beeinflusst bei säugenden Hündinnen die Milchproduktion positiv
Walnussöl	Reich an Omega-3-Fettsäuren, verbessert die Fließeigenschaften des Blutes und stärkt das Immunsystem; sehr vitaminreich

Weitere Futterzusätze

Auch verschiedene Kräuter und Samen sollten den Speiseplan Ihres Hundes bereichern. Sie enthalten viele wertvolle Vitamine und Mineralstoffe und können außerdem zur Heilung oder Linderung verschiedener leichter Beschwerden eingesetzt werden. Hier gilt: Die Kräuter müssen püriert oder in Pulverform verfüttert werden, damit der Hund sie optimal aufschließen kann. Der Vorteil von Kräutern ist, dass man sie selbst ziehen kann und so immer Zugriff darauf hat.

Basilikum kann bei Stress helfen und hat eine antibakterielle Wirkung. (Foto: Silke Böhm)

Wenn Sie geerntete Kräuter trocknen, halten diese sich sehr lange. Alternativ können Sie die pürierten Kräuter mit etwas Wasser im Eiswürfelbereiter einfrieren. So lassen sie sich wunderbar portionieren. Tiefkühlkräuter aus dem Supermarkt eignen sich ebenfalls zur Hundefütterung.

Kräuter sollten nicht in großen Mengen und auch nicht täglich an den Hund verfüttert werden. Besonders bei tragenden Hündinnen sollte man die Kräuter genau auswählen und sparsam füttern, denn viele Kräuter, beispielsweise Rosmarin und Salbei, können zu vorzeitigem Abort führen.

Mein Alltagstipp

Wenn Sie die Kräuter für die Mahlzeiten Ihres Hundes selbst sammeln möchten, achten Sie darauf, dass Sie die Blätter nicht in der Nähe von Straßen oder großer Industrie pflücken. Diese Kräuter sind stark belastet. Suchen Sie lieber in Wäldern oder auf etwas abgelegenen Wiesen.

Kokosraspel können prophylaktisch gegen Wurmbefall wirken. (Foto: Sabine Hans)

Bei Hunden mit Epilepsie ist ebenfalls Vorsicht geboten, denn auch hier können sich manche Kräuter negativ auswirken. Im Zweifelsfall sollten Sie einen Fachmann zurate ziehen.

Kokosraspel spielen bei der frischen Ernährung von Hunden eine wichtige Rolle. Jeden Tag oder zumindest mehrmals die Woche über das Futter gestreut, können sie prophylaktisch gegen Würmer wirken. Dasselbe gilt für Kokosfett und Kokosöl. Bei übergewichtigen Hunden sollte man jedoch nicht ganz so großzügig mit der Dosierung sein. Einen 100-prozentig sicheren Schutz gegen Wurmbefall bieten die Kokosnusspro-dukte selbstverständlich nicht. Daher sind zur Wurmkontrolle regelmäßige Kotuntersuchungen beim Tierarzt unabdingbar. Hierfür sollten 3 Proben von 3 verschiedenen Gassigängen abgegeben werden, da bei Wurmbefall nicht in jedem „Häufchen" die Parasiten stecken müssen.

Genauere Informationen zu den Anwendungsgebieten der einzelnen Kräuter, Samen und weiterer Zusätze finden Sie in der folgenden Tabelle. Konkrete Tipps für Anwendungsmöglichkeiten und entsprechende Rezepte gibt es außerdem im Kapitel „Kuren gegen Alltagsprobleme".

Futterzusätze

Kleine Kräuterkunde

Aloe vera	Wirkt entgiftend und entzündungshemmend, kann auch äußerlich bei Stichen und kleinen Entzündungen eingesetzt werden; fragen Sie in der Apotheke nach Aloe-vera-Gel, das für den Verzehr geeignet ist
Apfelessig	Regt den Stoffwechsel an und hilft gegen Blähungen und Verstopfungen
Basilikum	Hilft bei Stress, Anstrengung und nervlicher Belastung, wirkt äußerlich angewandt antibakteriell (nicht an trächtige Hündinnen verfüttern!)
Brennnessel	Vorbeugend gegen Rheuma und Arthritis, harntreibend
Ei/Eierschalen	Ein Ei pro Woche sorgt für glänzendes Fell, zerstoßene Eierschalen ersetzen die Knochenmahlzeit
Fenchelsamen	Zerstoßen und zu Schleim verkocht ein gutes Mittel bei Verdauungsstörungen; ein Teelöffel pro Mahlzeit genügt
Grünlippmuschel	Wirkt vorbeugend und unterstützend bei Gelenk- und Bindegewebsbeschwerden
Heilerde	Gut für Fell und Haut; unterstützt das Verdauungssystem bei Übersäuerung
Himbeerblätter	Gegen Durchfall, reinigend, schmerzstillend
Kokosnuss	Wird als Wurmprophylaxe eingesetzt, ist aber sehr kalorienreich
Kümmel	Zerstoßen und zu Schleim gekocht, beruhigt er den Magen-Darm-Trakt
Leinsamen	Zerkocht und vor dem Schlafengehen gefüttert, wirkt er gegen Übersäuerung des Magens und verhindert so das Erbrechen von „gelbem Schleim"; je nach Größe des Hundes etwa einen Esslöffel verabreichen; Achtung! Nicht roh und in größeren Mengen verfüttern, Leinsamen enthält Blausäure
Löwenzahn	Hilft bei Juckreiz und entgiftet die Leber
Oregano	Wirkt schleim- und krampflösend und wird bei Husten eingesetzt
Petersilie	Wirkt bei müden Hunden aktivierend; harntreibend, sehr vitaminreich
Pfefferminze	Unterstützend bei Magen-Darm-Beschwerden, keimtötend, schmerzstillend
Salbei	Wirkt bei Angstzuständen beruhigend, hilft gegen Erkältungen, Husten und Entzündungen der Darmschleimhäute, soll auch gegen Wurmbefall helfen
Thymian	Ein wunderbares, stark schleimlösend wirkendes Mittel gegen Asthma und Husten

Ein Ei kann der Hund ruhig roh und im Ganzen fressen. (Foto: shutterstock.com)

Aufpeppen von Fertigfutter

Wenn Sie sich noch nicht so recht trauen, Ihren Hund komplett auf die Frischfütterung umzustellen, können Sie zunächst einmal das gewohnte Fertigfutter mit Zusätzen aufwerten. Sie werden Ihrem Hund bestimmt eine Freude bereiten, wenn Sie gelegentlich einen Löffel Hüttenkäse oder Quark unter das Nassfutter geben (natürlich nur, sofern er Milchprodukte verträgt) oder ihm sein Trockenfutter mit etwas Öl oder einem Ei (nach Belieben gekocht oder roh) anbieten. Wenn Sie einen Garten haben, können Sie Ihrem Hund das Ei ruhig ganz geben. Dann muss er sich seine Leckerei auch noch selbst „auspacken" und hat besonders viel Spaß.

Freude und Spaß an der Fütterung stehen auf beiden Seiten – sowohl beim Hund als auch beim Halter – ohnehin immer im Vordergrund! Wenn Sie erst einmal mit dem Aufpeppen von Fertigfutter begonnen haben, werden Sie sehr schnell auf den Geschmack kommen und noch mehr über eine artgerechte Ernährung wissen wollen. Viele Frischfütterer sind auf diesem Weg zu ihrer Überzeugung gekommen.

(Foto: Sabine Hans)

DER SPEISEPLAN

Bevor Sie mit der Frischfütterung beginnen, sollten Sie zunächst einige Zutaten einkaufen, die Sie immer wieder benötigen werden:

• 2 verschiedene Öle, die reich an Omega-3-Fettsäuren sind (z. B. Leinöl und Walnussöl, sie werden vom Hund in der Regel gut akzeptiert)
• Kokosraspel
  (je ein Teelöffel pro Tagesration)
• Heilerde

Und wie könnte nun ein Wochenspeiseplan bei der Frischfütterung aussehen? Was wird in der Übergangsphase gefüttert und wie wird der Hund reagieren? Bedenken Sie: Ihr Hund braucht nicht täglich alle Vitamine und Mineralien. Ich versuche, die Ernährung meines Hundes über einen Zeitraum von 4 Wochen ausgewogen zu halten.

Die Eingewöhnungswoche

In der Eingewöhnungswoche wird noch vollständig auf die Knochenmahlzeit verzichtet. Der Verdauungstrakt Ihres Hundes braucht ein bisschen Zeit, um sich auf die neue Nahrung einzustellen, und wäre mit der Verarbeitung von Knochen wahrscheinlich noch überfordert. Die Kalziumversorgung können Sie mit Eierschalen oder mit einem Präparat aus der Apotheke gewährleisten.

Entscheiden Sie sich für Gemüsesorten, von denen Sie annehmen, dass sie von Ihrem Hund gut angenommen werden. Ob Sie täglich eine, 2 oder sogar mehr Portionen verfüttern möchten, müssen Sie für sich und Ihren Hund individuell entscheiden. Werden mehrere Rationen verabreicht, wird die Gesamttagesmenge einfach dementsprechend aufgeteilt.

Gemüse ist ein Hauptbestandteil gesunder Hundenahrung. (Foto: Silke Böhm)

So könnte eine Einkaufsliste für die erste Woche aussehen:

- Fleisch, z.B. Rind: anteilig reines Rindfleisch, eine Tagesration Pansen, eine Tagesration Blättermagen
- Gemüse, z.B. Zucchini, Möhren, Kartoffeln (gekocht)
- Kräuter, z.B. Basilikum, Petersilie
- 2 Eier

Zur Erinnerung: Mag Ihr Hund anfangs das rohe Fleisch nicht, können Sie es kurz überbrühen. Sollte er das Gemüse ablehnen, so pürieren Sie das Fleisch zusammen mit dem Gemüse. Falls Sie Ihrem Hund gelegentlich ein Stückchen Käse oder Wurst als Belohnung geben, nimmt er auf diese Weise ausreichend Salz zu sich und Sie müssen es nicht zufüttern. Wenn er solche Belohnungshäppchen nicht bekommt, geben Sie 2-mal die Woche eine kleine Prise des Gewürzes.

Bei der Umstellung sollten Sie Ihren Hund genau beobachten. Sie sollten nicht zu viele unterschiedliche Komponenten füttern, damit er sich besser an die neue Fütterung gewöhnt.

Der Speiseplan für die Eingewöhnungswoche

Montag	Reines Rindfleisch, gekochte Kartoffeln, 1 Teelöffel Kokosraspel, Walnussöl, eventuell 1 Prise Salz
Dienstag	Rinderpansen, gekochte Kartoffeln, Zucchini, 1 Teelöffel Kokosraspel, 1 Ei – die Eierschalen werden getrocknet, gemörsert und unter das Futter gemischt
Mittwoch	Schieres Rindfleisch, gekochte Kartoffeln, Möhren, 1 Teelöffel Kokosraspel, Walnussöl
Donnerstag	Schieres Rindfleisch, Zucchini, Möhren, Leinöl, 1 Teelöffel Kokosraspel, eventuell 1 Prise Salz
Freitag	Schieres Rindfleisch, gekochte Kartoffeln, Walnussöl, 1 Ei mit Eierschale
Samstag	Blättermagen, Apfel, Zucchini, 1 Teelöffel Kokosraspel
Sonntag	Schieres Rindfleisch, gekochte Kartoffeln, Möhren, Leinöl

Schematische Darstellung der Umgewöhnungsphase

	Mo	Di	Mi	Do	Fr	Sa	So
Fleisch	x		x	x	x		x
Innerei		x				x	
Gemüse	x	x	x	x	x	x	x
Öl	x	x	x	x	x	x	x
Kokosnuss	x	x	x	x	x	x	x
Ei/Eierschale		x			x		
Eventuell Salz	x			x			

Der Speiseplan

Frisches Fleisch und Gemüse – ein richtiges Vitamin- und Nährstofffeuerwerk. (Foto: Sabine Hans)

Ihnen wird auffallen, dass sich die Verdauungszeit am Anfang um einiges nach hinten verschiebt. Die Verarbeitung der frischen Nahrung ist für den Magen-Darm-Trakt in den ersten Tagen etwas anstrengender als die des Fertigfutters. Er wird mit der Zeit aber trainiert und die Verdauungszeiten verringern sich wieder.

Wie lange der Übergangsplan gefüttert wird, liegt in Ihrem eigenen Ermessen. In diesem Umstellungsplan sind alle Vitamine und Mineralien enthalten, die ein Hund braucht. Eine Mangelernährung kann daher auch bei einer langen Umgewöhnungsphase nicht entstehen.

In der Umgewöhnungsphase ist es auch möglich, die Frischfütterung mit der gewohnten Fütterung zu kombinieren. So kann der Hund morgens die gewohnte Kost und abends die neue, frische Mahlzeit bekommen. Frische Nahrung und Trockenfutter werden vom Hund verschieden verarbeitet und die Verdauungszeiten sind sehr unterschiedlich. Deshalb muss man zwischen der Fütterung des Trockenfutters und des frischen Futters eine Pause von 12 Stunden einhalten, damit die Verdauung den Hund nicht belastet. Bei Feuchtfutter ist der zeitliche Abstand nicht so wichtig.

Nach der Umgewöhnung

Nach der Umgewöhnungsphase wird mit der Einführung einer Knochenmahlzeit begonnen. Für Anfänger eignen sich, wie bereits erwähnt, z. B. Knorpel wie Rinderkehle, rohe Hühner- und Putenhälse, Abschnitte vom Ochsenschwanz oder Kalbsknochen. Speziell zu Beginn sollten Knochen mit viel Fleisch gefüttert werden, um dem harten Knochenkot vorzubeugen. Besonders geeignet sind hier beispielsweise Beinscheiben oder Fleischknochen.

Falls Sie zunächst nur Knorpel füttern, denken Sie daran, dass deren Kalziumanteil relativ gering ist und Sie ergänzend Eierschalen oder ein Präparat aus der Apotheke geben müssen, um die Kalziumversorgung sicherzustellen.

Ist Ihr Hund noch völlig ungeübt im Knochennagen, sollte er dabei in der ersten Zeit nicht unbeaufsichtigt bleiben. Er wird jedoch schnell lernen, wie er mit dieser besonderen Leckerei umgehen muss.

Viele Hunde wissen mit ihrem ersten Knochen nicht viel anzufangen. Sie schleppen ihn zunächst einmal durch das Haus und wollen ihn verstecken.

Beinscheiben vom Rind sind eine perfekte Hundemahlzeit: viel Fleisch mit Knochen. (Foto: Sabine Hans)

Gespannt wartet Yoda auf seine Knochenmahlzeit. (Foto: Sabine Hans)

Um das – und das unweigerlich darauf folgende Putzen – zu verhindern, kann dem Hund ein Platz, z. B. auf einer maschinenwaschbaren Decke in der Küche, als fester „Knochenmahlzeitort" zugewiesen werden. Die ersten Male wird er möglicherweise dennoch versuchen, den Knochen fortzutragen. Doch mit liebevoller Konsequenz wird es Ihnen innerhalb von kurzer Zeit gelingen, ihm verständlich zu machen, dass er seinen Knochen nur an dieser bestimmten Stelle fressen darf.

Auch wenn Ihr Hund beim ersten Knochen noch skeptisch ist, nehmen Sie ihm diesen nicht weg, sondern lassen Sie ihn auf der Decke liegen.

Mein Alltagstipp

Besorgen Sie sich einen mit Teflon® beschichteten Stoffrest, den Sie zum Schutz auf die Decke Ihres Hundes legen, wenn er seine Knochenmahlzeit bekommt. Teflon® ist sowohl abwaschbar als auch waschbar. So muss die Decke nicht jedes Mal komplett in die Waschmaschine gesteckt werden.

Beispiel-Speiseplan nach der Umgewöhnung

Montag	Morgens: Knochenmahlzeit Abends: Fleisch, Gemüse, Kokosraspel, Öl, eventuell Salz
Dienstag	Morgens: Zubereitung vom Vorabend Abends: Innerei, Gemüse, Kokosraspel, Öl
Mittwoch	Morgens: Zubereitung vom Vorabend Abends: Fleisch, Gemüse, Kokosraspel, Ei, Öl
Donnerstag	Morgens: Zubereitung vom Vorabend Abends: Fleisch, Gemüse, Öl, Kokosraspel, eventuell Salz
Freitag	Morgens: Zubereitung vom Vorabend Abends: Knochenmahlzeit
Samstag	Morgens: Knorpel (Hühnerhals, Strossen) Abends: Innerei, Gemüse, Kokosraspel, Öl
Sonntag	Morgens: Zubereitung vom Vorabend Abends: Fisch, Gemüse, Öl, Kokosraspel

Die schematische Darstellung sieht so aus

	Mo	Di	Mi	Do	Fr	Sa	So
Fleisch	x	x		x	x		
Innerei		x	x	x		x	x
Gemüse	x	x	x	x	x	x	x
Öl	x	x	x	x	x	x	x
Kokos	x	x	x	x	x	x	x
Ei			x	x			
Knochen	x				x		
Knorpel						x	
Fisch							x
Eventuell Salz	x	x			x		

Der Speiseplan

Die Knochenmahlzeit ist für die meisten Hunde ein echtes Highlight. (Foto: Silke Böhm)

In der Regel wird der Hund einige Male kontrollieren und ihn dann genüsslich fressen.

Nach der Umstellung auf die Knochenmahlzeit sollte nur noch ein Ei pro Woche verfüttert werden. Zudem bekommen Hunde, die nur einmal am Tag gefüttert werden, ab der Einführung der Knochenmahlzeit einmal wöchentlich kein Gemüse. Das führt jedoch nicht zu einem Mangel, weil es auf die Summe der über einen längeren Zeitraum gefütterten Mahlzeiten ankommt. Hunde, die sich 2-mal täglich über ihren Napf freuen dürfen, können beispielsweise morgens eine Gemüseration und abends die Knochenmahlzeit bekommen. Ich bereite eine komplette Ration für meinen Hund immer nachmittags zu. Von der Gesamtmenge teile ich ein Drittel für den nächsten Morgen ab. So muss ich nicht 2-mal am Tag den Mixer säubern.

Am beispielhaften Wochenspeiseplan auf der vorigen Seite lässt sich erkennen, wie ausgewogen die Ernährung des Hundes im Verlauf einer Woche aussehen kann. Dass es an manchen Tagen Fleisch und Innereien gibt, resultiert daraus, dass ein Teil der Ration am Abend und der andere am nächsten Morgen verfüttert wird.

Frischfütterung macht aus jedem Hund einen aktiven Partner. (Foto: Silke Böhm)

In diesem Beispiel wurde außerdem eine Fleischration durch eine Fischmahlzeit ersetzt.

Viele Hundebesitzer lassen ihren Hund einmal pro Woche fasten. Das schadet ihm in aller Regel nicht, und wenn er ein paar Gramm zu viel auf den Rippen hat, kann es sogar sinnvoll sein. Als Fastentag sollte aber ein Tag gewählt werden, an dem der Hund reines Muskelfleisch bekommen würde, damit die ernährungstechnisch besonders wertvollen Innereien nicht wegfallen. Zwingend erforderlich ist das Einlegen eines Fastentages nicht. Sehr aktive Hunde sollten sogar grundsätzlich an jedem Tag der Woche gefüttert werden.

Eine empfehlenswerte Alternative zum Fastentag ist ein fleischloser Tag. An solchen vegetarischen Tagen kann man das pürierte Gemüse mit etwas Hüttenkäse oder Joghurt verfeinern – vorausgesetzt, der Hund verträgt Milchprodukte. Ob Sie sich nun für einen Fastentag oder einen vegetarischen Tag entscheiden, bleibt Ihnen überlassen. Wie auch immer ist es sinnvoll, wenn an einem Tag in der Woche kein Fleisch auf dem Speiseplan des Hundes steht. So werden seine Nieren entlastet.

(Foto: Sabine Hans)

FRISCHFÜTTERUNG IM URLAUB

Kurzurlaube im eigenen Land stellen im Hinblick auf die frische Fütterung des Hundes in der Regel überhaupt kein Problem dar. Das benötigte Fleisch kann in einer Kühlbox transportiert werden, in der es 3 bis 4 Tage lang genießbar bleibt. Die Stücke sollten möglichst groß sein, denn zerkleinertes Fleisch verdirbt schneller. Selbst wenn das Fleisch bereits etwas „angegangen" ist, kann es jedoch ohne Weiteres verfüttert werden. Das Gemüse kann man entweder am Urlaubsort frisch kaufen und verarbeiten (Achtung: Pürierstab oder Gemüsehobel nicht vergessen!), oder es kann ebenfalls zu Hause vorbereitet, eingefroren und in der Kühlbox aufbewahrt werden. Eine Alternative stellt die Fütterung von Babynahrung aus dem Gläschen dar. Das ist allerdings eine vergleichsweise teure Lösung. Die erforderlichen Öle und weiteren Zusätze werden am besten von zu Hause mitgebracht.

Bei Reisen in das europäische Ausland gestaltet sich die Mitnahme von Frischfleisch ein bisschen komplizierter. Die Bestimmungen zum grenzüberschreitenden Transport von Lebensmitteln können sich aus aktuellen Gründen (beispielsweise Ausbrüche von Maul- und Klauenseuche, Vogelgrippe oder Ähnliches) sehr schnell ändern. Deshalb sollten Sie sich vor der Reise über die Einfuhrbestimmungen Ihres Ziellandes informieren. Wenden Sie sich hierfür an die jeweiligen Botschaften, Generalkonsulate oder Tourismusvertretungen.

Auskunft geben kann Ihnen auch die Behörde für Gesundheit und Verbraucherschutz – Veterinär- und Einfuhramt (Adresse: Reiherdamm 18, 20457 Hamburg, Telefon: +49 (40) 42837-4148, Fax: +49 (40) 4273-10130, E-Mail: gks-hafen@bgv.hamburg.de). Besteht ein Importverbot, empfiehlt sich der tägliche Frischeinkauf vor Ort.

Mein Alltagstipp

Bewahren Sie dicht verschließbare Gläschen (z. B. von Kapern oder Pesto) auf. Sie können im Urlaub als Transportgläschen für Öle und Zusätze dienen. So müssen die großen Verpackungen nicht mitgenommen werden.

Ich persönlich bin im Urlaub zugegebenermaßen etwas faul. Vom ersten Einkauf bringe ich ausreichend Kartoffeln und Möhren mit, koche und zerdrücke beides in einer großen Schüssel und stelle diese in den Kühlschrank. Daraus nehme ich täglich die nötige Gemüseration, gebe frisch gekauftes Rinderhack sowie Kokosraspel und einen Schuss Öl dazu – und fertig ist die Urlaubsmahlzeit für meinen Hund. An manchen Tagen bringe ich ihm vor Ort gekaufte Knochen mit. Da unsere Urlaube maximal 3 Wochen dauern, kann keine Unterversorgung stattfinden, wenn ich nach der Rückkehr einige Tage auf abwechslungsreiche Kost achte oder vielleicht sogar für eine

Woche die Frühjahrskur anwende (das entsprechende Rezept finden Sie im Kapitel „Kuren gegen Alltagsprobleme").

Ein gesunder Hund kann für die Urlaubszeit auch auf Feucht- oder Trockenfutter umgestellt werden. Das ist überhaupt kein Problem. Man sollte vorher jedoch ausprobieren, ob der Vierbeiner das ausgewählte Ersatzfutter tatsächlich mag. Allerdings ist noch kein Hund vor einem gefüllten Napf verhungert, sodass sich, auch wenn anfangs gemäkelt wird, das Futterproblem in der Regel nach wenigen Tagen erledigt hat. Sie müssen nur beharrlich bleiben.

Rindergehacktes aus dem Supermarkt ist ein praktisches Urlaubsfutter. (Foto: Sabine Hans)

Wer das Futter am Urlaubsort kauft, hat im Auto mehr Platz für Hund und Gepäck. (Foto: shutterstock.com)

Selbstverständlich muss auch bei der Wahl des „Urlaubsfutters" auf eine gute Qualität geachtet werden. Gerade bei Trockenfutter ist es wichtig, dass der Getreideanteil nicht zu hoch ist. Lassen Sie sich im Fachhandel beraten und lesen Sie die Deklaration auf dem Futtersack genau durch. Es gibt mittlerweile Futterdosen, die zu 100 Prozent gekochtes Fleisch enthalten. Es handelt sich dabei nicht um ein Alleinfutter (was auf der Dose auch angegeben ist), sodass Sie wie gewohnt Gemüse und Öle zufüttern müssen.

Mein Alltagstipp

Mit einem Anruf beim Hersteller lässt sich schnell herausfinden, ob das von Ihnen gewünschte Fertigfutter sogar vor Ort zu bekommen ist. Das bedeutet weniger Schlepperei von Dosen oder Säcken und spart Platz im Auto auf der Fahrt zum Urlaubsziel.

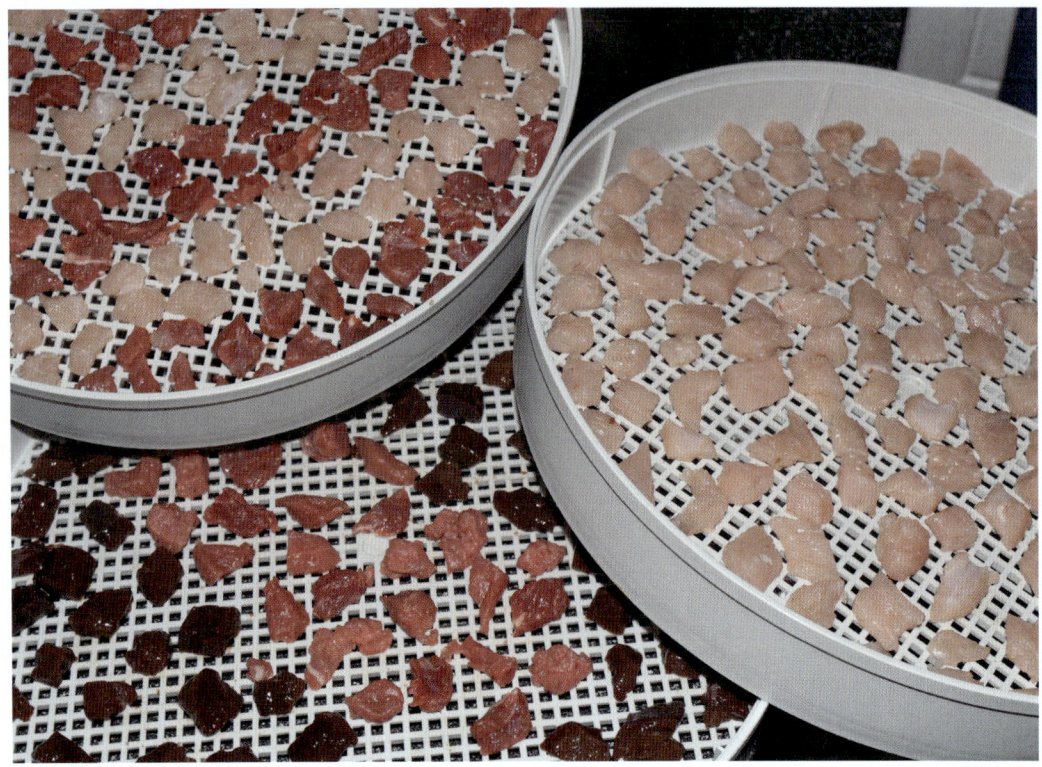

Damit das Fleisch beim Dörren komplett durchtrocknet, dürfen sich die einzelnen Stücke nicht berühren. (Foto: Silke Böhm)

Das ist in meinen Augen eine gute Alternative für die schönste Zeit des Jahres. Wenn das Dosenfutter als Alleinfutter deklariert ist, sind außer Fleisch noch weitere Zutaten enthalten. Hier sollten Sie, wie beim Trockenfutter, auf die für Ihren Hund geeignete Zusammensetzung achten.

Ganz besonders praktisch für die Mitnahme in den Urlaub, zudem bei Hunden beliebt und damit perfekt als Belohnungsleckerli für den Alltag und fürs Training geeignet, ist gedörrtes Fleisch. Es kann ganz leicht selbst hergestellt werden. Dazu schneidet man das gewünschte Fleisch in kleine, etwa 2 mal

2 Zentimeter große Stückchen, die man anschließend im Dörrautomaten oder im Backofen komplett durchtrocknen lässt. Entscheiden Sie sich für das Dörren im Backofen, müssen Sie bedenken, dass dessen Tür während des gesamten Trocknungsvorgangs nicht ganz geschlossen sein darf, damit die verdampfende Flüssigkeit entweichen kann. Dazu stecken Sie einfach einen Kochlöffel in die Backofenklappe. Sollten Sie öfter Fleisch dörren wollen, lohnt sich die Anschaffung eines speziellen Dörrautomaten. Er verbraucht weitaus weniger Strom und ist handlicher.

Für ein optimales Ergebnis sollten Sie darauf achten, dass sich die einzelnen Fleischbröckchen während des Trocknungsvorgangs nicht berühren. Nur so ist gewährleistet, dass das Fleisch wirklich vollständig durchtrocknet. Wenn das Fleisch noch zu viel Restfeuchte hat, hält es sich nicht lange und wird schimmlig, wohingegen knochentrockene Brocken sehr lange aufbewahrt werden können. Nach dem Abkühlen fülle ich mein selbst hergestelltes Trockenfleisch in dunkle, gut verschließbare Apothekergläser.

Sie können das gedörrte Fleisch im Urlaub einfach so verfüttern oder es für eine Weile in Wasser legen und auf diese Weise den Trocknungsvorgang rückgängig machen. Ich muss aber zugeben, dass ich gedörrtes Fleisch bisher nur versuchsweise eingeweicht habe. Fürs alltägliche Leben habe ich das noch nie gemacht.

Zum Dörren eignen sich sowohl Muskelfleisch als auch Innereien. Ich persönlich dörre gern Leber. So wie viele Hunde, mag mein Parson Russell Terrier Yoda sie nicht roh. Er ist aber ganz wild darauf, wenn sie getrocknet ist. So kann ich meinem Hund diesen wertvollen Vitamin-A-Lieferanten leicht schmackhaft machen.

Dunkle, gut verschließbare Apothekergläser sind ideal für die Aufbewahrung von gedörrtem Fleisch. (Foto: Silke Böhm)

FRISCHFÜTTERUNG BEI WELPEN UND ALTEN HUNDEN

Selbstverständlich können auch Welpen und Hundesenioren mit frischen Lebensmitteln ernährt werden. Allzu viele Besonderheiten gibt es dabei nicht zu beachten. Für einen Welpen sollte die tägliche Futtermenge insgesamt 4 bis 5 Prozent seines aktuellen Körpergewichts betragen, aufgeteilt in – je nach Alter – 3 bis 4 Portionen am Tag. Da ein kleiner Welpe ständig wächst, muss er – je nach Endgröße der Rasse – mindestens einmal, besser noch 3-mal in der Woche gewogen werden, damit man seine Ration bedarfsgerecht anpassen kann. Auf die reine Knochenmahlzeit mit harten Knochen sollte man in den ersten Monaten verzichten. Mit Knorpeln kommen aber auch Welpen schon zurecht. Möchte man anfangs weder Knochen noch Knorpel füttern, muss man die Kalziumversorgung mit zerstoßenen Eierschalen oder Kalziumcitrat sicherstellen. Es ist auch möglich, ein samt Knochen durch den Fleischwolf gedrehtes Huhn zu portionieren und an den Welpen zu verfüttern. Wenn Sie als Züchter den ganzen Wurf Ihrer Hündin frisch füttern wollen, sollten Sie sich zu diesem Zweck am besten einen guten Fleischwolf anschaffen. Vielleicht finden Sie aber auch einen Schlachter in Ihrer Nähe, der so freundlich ist, Ihnen ganze Hühner durch den Wolf zu drehen.

Bei der Zusammenstellung des Speiseplans ist es wichtig zu berücksichtigen, dass Welpen in der Wachstumsphase einen höheren Kalziumbedarf haben als erwachsene Tiere.

Welpen und alte Hunde

Auch Welpen kann man schon frisch ernähren. (Foto: shutterstock.com)

Von den anfänglich 4 Mahlzeiten pro Tag können z. B. 2 Mahlzeiten aus Hühnerhälsen oder durchgedrehtem Huhn und die anderen beiden Mahlzeiten aus Fleisch mit Gemüse und Öl bestehen. Das Verhältnis ein Teil Fleisch, ein Teil Gemüse kann auch bei Welpen als Richtlinie angesehen werden.

Ältere Hunde (große Rassen haben das Seniorenalter mit etwa 8 Jahren erreicht, kleine Rassen mit etwa 10 Jahren) haben ebenfalls andere Ansprüche an die Nahrung, die sie täglich in ihren Näpfen erhalten. Das fängt bereits bei der prozentualen Verteilung von Gemüse und Fleisch an. Im Vergleich zu jüngeren brauchen

ältere Hunde mehr hoch verdauliche Proteine, die sich im Fleischanteil wiederfinden. Bei den Senioren müssen Sie daher die Fleischration auf 70 Prozent anheben. Da viele ältere Hunde Probleme mit der Figur haben, sollten Sie darauf achten, dass Sie bei dickeren Tieren leicht verdauliches Fleisch geben. Dazu gehören weißes Fleisch, Fisch und sehr mageres rotes Fleisch.

Sollte Ihr Senior oder Ihre Seniorin zu den Hundetypen gehören, die im Alter eher abmagern, müssen Sie die Portion natürlich dementsprechend erhöhen und fetteres Fleisch füttern. Besonders im Alter ist es wichtig, dass Sie die Figur Ihres besten Freundes genau im Auge behalten.

Von der Frischfütterung profitieren auch Hundesenioren. (Foto: shutterstock.com)

Ein übergewichtiger Hund hat häufiger Probleme mit den alternden Gelenken als einer mit einer guten Figur.

Manche älteren Hunde vertragen keine Knochen mehr oder kommen nur noch mit sehr weichen Knochen zurecht. Hier muss dann gegebenenfalls mit zerstoßenen Eierschalen oder Kalziumcitrat für Ersatz gesorgt werden.

Wenn der alte Hund keine Knochen mehr fressen kann oder will, muss man vermehrt auf die Zahnpflege achten. Das heißt, dass Sie dem Hund entweder die Zähne putzen oder aber der Zahnstein regelmäßig vom Tierarzt entfernt wird.

Bei alten Hunden ist es häufig wie bei uns Menschen: Sie nehmen im Tagesverlauf zu wenig Wasser auf. Das kann zu Nierenproblemen führen. Sollte der Hund auffallend wenig trinken, können Sie das Futter einfach mit mehr Wasser zubereiten. So ist gewährleistet, dass er genügend Wasser aufnimmt. Bedenken Sie aber, dass Hunde, die frisch gefüttert werden, weniger trinken, da ihre Nahrung im Magen nicht noch aufquellen muss und so nach Wasser verlangt. Kleinere Seniorenprobleme wie stumpfes Fell oder Schuppenbildung lassen sich oft durch natürliche Zusätze beheben.

(Foto: shutterstock.com)

KUREN GEGEN ALLTAGSPROBLEME

Nahrungsmittel können auch als Heilmittel verabreicht werden. Selbstverständlich ist bei Krankheit der Gang zum Tierarzt unumgänglich, aber kleine Zipperlein und Unpässlichkeiten lassen sich durch die Gabe geeigneter Lebensmittel und Zusätze häufig lindern. Außerdem kann damit auch eine tierärztliche Therapie unterstützt werden. In letzterem Fall sollte man die Fütterung aber unbedingt mit dem behandelnden Tierarzt absprechen, um eventuelle Komplikationen zu vermeiden. Generell sollte bei jeglichen Unsicherheiten der Fachmann zurate gezogen werden. Vorschnelle Eigendiagnosen und Behandlungen auf eigene Faust können den Heilungsverlauf wesentlich verlangsamen und schlimme Folgen haben.

Bei trächtigen Hündinnen sollte man mit der Gabe von Kräutern und anderen Zusätzen besonders vorsichtig sein und im Zweifel lieber darauf verzichten, denn sie können im schlimmsten Fall zum vorzeitigen Abort führen. Kräuter und Zusätze mit dieser Wirkung sind z.B. Rosmarin, Salbei, Petersilie, Walnuss und Walnussöl.

Heilkräuter sollten in der Regel nicht ständig gefüttert werden. Bessere Heilungschancen versprechen über einen Zeitraum von bis zu 3 Monaten angewendete Kuren – je nach Beschwerden des Hundes.

Nachdem gemeinsam mit dem Tierarzt organische Probleme ausgeschlossen wurden, kann man mit den folgenden Kuren den Stoffwechsel des Hundes unterstützen. Die angegebenen Rezepturen beziehen sich auf einen mittelgroßen Hund mit einem Gewicht von ca. 20 Kilogramm. Kleinere Hunde bekommen etwas weniger, größere etwas mehr. Eine leichte Über- oder Unterdosierung schadet dem Hund jedoch nicht.

Kuren gegen Alltagsprobleme

Hilfreiche Hausmittel

Angstzustände, Stress	Salbei, Basilikum
Appetitlosigkeit	Ananas, Endiviensalat
Arthritis, Gelenk- und Bindegewebsschwäche	Brennnessel, Grünlippmuschel, Ingwer, Quark***, Algen, Apfelessig
Atemwegserkrankungen	Schwarzkümmelöl
Bindehautentzündung, Augenausfluss	Augentrost (als Tropfen), abgekochte Milch (zum Säubern)
Blähungen	Apfelessig, Fenchel, Kümmel, Anis, Heilerde
Blasenentzündung	Bärentraubenblätter*, Brennnessel, Petersilie
Cholesterinspiegel senken	Artischocke, Leinöl, Sesamöl
Chronische Schmerzen	Ingwer
Darmflora, gesunde	Chicorée
Desinfektion	Basilikum (äußerlich), Calendula (äußerlich), Teebaumöl (äußerlich)
Durchfall	Brombeerblätter, Himbeerblätter, geriebener Apfel, braune Heilerde, Ingwer
Entzündungen der Darmschleimhäute	Salbei, Leinsamenschleim
Erbrechen, gelber Schleim	Leinsamenschleim, braune Heilerde
Erkältungen	Salbei, Lindenblüten*, Holunderblüten*, Kamille*, Fenchel, Ingwer
Flöhe	Neembaumöl (äußerlich), Rosmarin (prophylaktisch), Kokosöl und Kokosraspel (prophylaktisch), Kieselalgenpulver (äußerlich), Zitronen-Rosmarin-Lösung (äußerlich)
Geburtskrämpfe	Himbeerblätter (prophylaktisch)
Gesäugeschwellung und Gesäuge-entzündung	Seetang (prophylaktisch), Kampfer**, Quark***, Aloe vera (äußerlich)
Hämatome	Quark***, Ringelblume**, Arnika**
Hautausschlag	Nachtkerzenöl, Honig, Ringelblumen**
Husten	Thymian, Spitzwegerichblätter, Salbei, Oregano, Honig, Fenchel*, Propolis
Inkontinenz	Kürbiskerne, Kürbiskernöl

Hilfreiche Hausmittel

Insektenstich	Zwiebel (äußerlich), Aloe vera (äußerlich), Petersilienkraut (äußerlich), Ingwer (äußerlich)
Juckreiz	Aloe vera (äußerlich), Löwenzahn (äußerlich), Wegerich (äußerlich), Melissenöl (äußerlich), Essigwasser (äußerlich)
Kleine Wunden	Hanföl (äußerlich), Aloe vera (äußerlich), Ringelblumen**, Propolis
Mandelentzündung	Honig, Salbei*, Propolis, warme Kartoffelschalen***
Mattheit	Petersilie, Salbei
Milchfluss, unterdrückend	Petersilie, Salbei
Milchfluss, unterstützend	Schwarzkümmelöl, Dill, Möhre, Ei, Algen, Honig, Fenchelsamen, Alfalfa
Mundgeruch	Petersilie, Fenchel, Estragon
Pigmenterblassung	Holundersaft/Holunderblüten
Prostataleiden	Kürbiskerne, Kürbiskernöl
Reisekrankheit	Ingwer*
Rheuma	Brennnessel
Stärkung des Immunsystems	Walnussöl, Rapsöl
Trächtigkeit, unterstützend	Himbeerblätter, Bierhefe, Hagebutte, Alfalfa, Seetang
Verbesserung der Fellqualität	Biotin, Zink, Bierhefe, Heilerde, Ei
Verdauungsstörungen allgemein	Fenchelsamenschleim, Pfefferminze, Kümmelschleim
Verschluckter Gegenstand	Sauerkraut
Verstauchungen, Quetschungen	Distelöl (äußerlich), Ingwer (äußerlich)
Verstopfung	Joghurt, Hüttenkäse, Apfelessig
Wehenfördernd	Himbeerblätter*, lauwarme Milch
Wurmprophylaxe	Kokosraspel, Kokosöl, Ingwer, Salbei

*   als Tee unter das Futter gemischt
**   als Salbe aus der Apotheke
***   als Wickel auf die Stelle gelegt

Kuren gegen Alltagsprobleme

Kur bei Durchfall

Durchfall kann – neben organischen Störungen, die vom Tierarzt ausgeschlossen werden sollten – auch ein Anzeichen von Stress, Überforderung oder Aufregung sein. Mit der folgenden Rezeptur können Sie dazu beitragen, dass sich die Verdauungsvorgänge Ihres Hundes wieder normalisieren.

Nach einer 24-stündigen Nahrungspause wird 3 Tage lang, verteilt auf 3, besser sogar 5 Tagesrationen, ausschließlich sehr weich gekochter Reis mit überbrühtem Hühnchen gefüttert. Mit jeder Portion werden 2 gehäufte Esslöffel der selbst hergestellten Anti-Durchfall-Mischung verabreicht:

> 2 Esslöffel Himbeerblätter
> (aus der Apotheke)
> 2 Esslöffel braune Heilerde
> (aus dem Naturkostladen oder
> der Apotheke)
> 1 geriebener Apfel
> 1 Töpfchen Hüttenkäse
> Etwas Karottensaft

Alle Zutaten vermischen und gründlich mit dem Karottensaft verrühren, bis eine sämige Masse entsteht.

Die selbst hergestellte Anti-Durchfall-Mischung hält sich im Kühlschrank mindestens 4 Tage lang. Sollte der Durchfall innerhalb von 3 Tagen allerdings nicht deutlich besser werden, ist ein weiterer Gang zum Tierarzt notwendig.

Himbeerblätter können gegen Durchfall helfen.
(Foto: shutterstock.com)

Frühjahrskur

Wenn sich nach einem langen Winter die ersten Sonnenstrahlen durch die Wolken zwängen, ist es für Mensch und Hund an der Zeit, den Winterspeck wegzutrainieren und den Körper einmal richtig zu entschlacken. Das folgende Rezept können Sie sich, wenn Sie möchten, sogar mit Ihrem Vierbeiner teilen. Bedenken Sie jedoch, dass Löwenzahn, Petersilie und Brennnessel stark harntreibend wirken, sodass für den Hund der eine oder andere zusätzliche Gassigang eingeplant werden muss. Aber mehr Bewegung ist schließlich genau das Richtige, wenn überflüssige Pfunde purzeln sollen.

Honig ist gesund und schmackhaft. Er wird von den meisten Hunden gern genommen. (Foto: shutterstock.com)

2 Esslöffel Löwenzahn
2 Esslöffel Petersilie
2 Esslöffel Brennnessel
1 Esslöffel Walnussöl
2 Esslöffel kaltgeschleuderter Honig

Die Kräuter zusammen mit dem Walnussöl pürieren, dann den Honig langsam unterziehen und alles zu einer sämigen Masse verrühren, die im Kühlschrank aufbewahrt werden sollte. Erhält der Hund je einen Teelöffel voll über seine Morgen- und Abendration, reicht die Kur für etwa 8 Tage.

Fellkur

Ursachen für glanzloses Fell gibt es viele. So kann die Einnahme von Medikamenten das Fell struppig wirken lassen, was sich mit dieser Kur schnell wieder ändern wird. Sie empfiehlt sich auch während des Fellwechsels.

1 Ei
½ Teelöffel Biotin
½ Teelöffel Bierhefe
½ Teelöffel Zink
1 Esslöffel Lachsöl

Kuren gegen Alltagsprobleme

Alle Zutaten gründlich miteinander vermischen. Bekommt der Hund diese Mischung einmal wöchentlich über 6 Wochen zusammen mit seinem Futter, regeneriert sich sein Fell schnell wieder. Unterstützend kann man eine Mischung aus Mineralwasser und Apfelessig im Verhältnis von 10 : 1 in das Fell und in die Haut des Hundes einmassieren.

Hustenkur

Auch Husten kann durch bestimmte Futterzusätze gelindert werden. Empfehlenswert ist folgendes Rezept:

> ½ Esslöffel Salbei
> 1 Teelöffel Thymian
> 1 Esslöffel Honig
> 1 Teelöffel Fenchel

Thymiantee ist gut gegen Husten. (Foto: shutterstock.com)

Aus dem Salbei und dem Thymian kocht man eine Tasse Tee. Ist der Tee erkaltet, wird der Fenchel zerstoßen und mit dem Honig eingerührt. Diese Mischung bietet man dem Hund alle 2 Tage an, sie kann auch unter das Futter gemischt werden. Der Husten wird sich dadurch schnell lösen.

> 1 Teelöffel Johanniskraut
> 1 Teelöffel Ingwer
> 1 Teelöffel Kamille
> ½ Teelöffel Thymian

Kur bei chronischen Schmerzen

Bei Schmerzen ist zur Abklärung prinzipiell ein Tierarztbesuch erforderlich. Anschließend kann man mit folgender Tinktur Linderung erzielen:

Die Zutaten in einen mit etwa ½ Liter Wasser gefüllten Topf geben und alles 10 Minuten lang kochen lassen. Anschließend alle Zutaten abseihen. Nun tränkt man einen Lappen mit dem Sud, legt ihn auf die schmerzende Stelle und massiert sie sanft damit. Diese Anwendung wird dem Hund sichtlich Erleichterung verschaffen.

Kur bei Blasenschwäche

Besonders kastrierte Hündinnen haben im Alter oft mit Blasenschwäche zu kämpfen. Nachdem der Tierarzt befragt und die richtige Therapie besprochen und eingeleitet wurde, kann man – in Absprache mit dem Arzt – die Behandlung der Blasenschwäche mit Hausmitteln unterstützen.

> 3 Esslöffel Leinöl
> 3 Esslöffel Selleriesaft
> 2 Esslöffel gemahlene Kürbiskerne

Alle Zutaten miteinander verrühren. Pro Tag erhält der Hund einen Esslöffel voll zusammen mit seinem Futter.

Kur gegen Verstopfung

Verstopfung kann verschiedene Ursachen haben. Tritt bei einem frisch gefütterten Hund Verstopfung auf, liegt es möglicherweise daran, dass er eine zu große Menge an Knochen bekommen hat. In diesem Fall sollten Sie Ihren Futterplan noch einmal überdenken und gegebenenfalls die Knochenration reduzieren.

Manche Hunde reagieren auf die Knochenmahlzeit mit Verstopfung. In diesem Fall sollte man die Kalziumversorgung lieber anders sicherstellen. (Foto: shutterstock.com)

> 2 Ringe Ananas aus der Dose
> 1 Apfel
> 2 Esslöffel Traubensaft
> Eventuell etwas Fleischbrühe

> 3 Esslöffel Aloe-vera-Gel
> 3 Esslöffel Holunderbeersaft
> 1 Teelöffel Hagebuttenpulver
> 1 Teelöffel Fenchel

Pürieren Sie die Zutaten und geben Sie dem Hund 3- bis 5-mal am Tag einen Esslöffel davon.

Kur gegen Mundgeruch

Ein frisch gefütterter Hund riecht in der Regel nicht unangenehm aus dem Maul. Zahn- oder Schleimhauterkrankungen können aber dennoch zu schlechtem Atem führen. Nach einem Tierarztbesuch zur Abklärung der Ursache kann folgende Mischung unterstützend gegeben werden:

> 1 Apfel
> 1 Möhre
> 1 Teelöffel Leinöl
> 1 Esslöffel kaltgeschleuderter Honig

Alle Zutaten pürieren. Das „Atemgold" kann man entweder unter das Futter mischen oder pur geben.

Kur zur Stärkung der Abwehrkräfte

Zur Stärkung der Abwehrkräfte empfiehlt sich Bewegung an der frischen Luft. Unterstützend kann die folgende Rezeptur wirken:

Die zerstoßenen Fenchelsamen mit den anderen Zutaten vermischen. Von dieser Mischung bekommt der Hund täglich einen guten Esslöffel voll. Die angegebene Rezeptur reicht für etwa eine Woche und kann im Kühlschrank aufbewahrt werden. Insgesamt sollte die Kur über mindestens 6 Wochen durchgeführt werden.

Äpfel sind gesund, sollten allerdings püriert werden, damit der Hund sie optimal verwerten kann. (Foto: shutterstock.com)

Möhren wirken beruhigend auf einen verstimmten Magen. (Foto: Sabine Hans)

Kur bei Magenverstimmung

Immer wieder kommt es vor, dass der Hund beim Spaziergang etwas aufnimmt, was ihm anschließend schwer im Magen liegt. Er mag dann möglicherweise nicht fressen, ist weniger aktiv und fühlt sich insgesamt unwohl. Nach einer Nahrungspause kann man ihn mit dem gemäß der folgenden Rezeptur hergestellten Brei, verteilt auf mehrere kleine Mahlzeiten, aufpäppeln. Bestehen Zweifel, ob Gift aufgenommen wurde, oder ist nach kurzer Zeit noch keine Besserung des Zustands erkennbar, muss der Tierarzt aufgesucht werden!

1 Apfel
1 Teelöffel Honig
2 Möhren
1 Teelöffel Leinöl
2 Esslöffel Kamille oder 1 Kamillenteeaufgussbeutel
Eventuell Fleischbrühe

Kamillentee kochen, erkalten lassen und dann mit dem Apfel, den Möhren, dem Öl und dem Honig pürieren. Da die meisten Hunde Kamillentee nicht besonders mögen, kann man etwas Fleischbrühe hinzugeben.

ALLERGIEN

Es gibt noch einen weiteren Grund, warum ich heute frisch füttere. Als unser Hund eineinhalb Jahre alt war, fing er an, sich wiederholt heftig zu kratzen. Nach einigen ergebnislosen – und teuren – Tierarztbesuchen konsultierten wir auf Empfehlung Frau Dr. med. vet. Monika Linek. Sie ist auf Dermatologie für Hunde spezialisiert und diagnostizierte bei unserem Terrier eine Allergie. Daraufhin machten wir eine Ausschlussdiät, die ergab, dass Yoda allergisch auf das Trockenfutter reagierte, das er als Belohnungshappen bekam. Kaum hatten wir es gegen etwas anderes ausgetauscht, hatte die ständige Kratzerei ein Ende. Durch die Ausschlussdiät habe ich erfahren, dass die Frischfütterung gar nicht so umständlich ist, wie ich befürchtet hatte, und bin dabei geblieben.

Futtermittelallergien und Futtermittelintoleranzen

Ein Beitrag von Dr. med. vet. Monika Linek, Diplomate of the European College of Veterinary Dermatology

Zunächst ist es wichtig zu verstehen, was unter den Begriffen Futtermittelunverträglichkeit und Futtermittelallergie zu verstehen ist. Eine Futtermittelunverträglichkeit, auch Futtermittelintoleranz genannt, ist eine nicht vorhersehbare Reaktion auf ein Futter. Sie ruft jedoch keine Reaktion im Immunsystem hervor. Eine Futtermittelallergie ist eine allergische, also immunologische Reaktion, in der Regel auf einen Eiweiß- oder Kohlehydratanteil in der Nahrung.

Allergien

Normalerweise rufen Eiweißmoleküle, die durch die Darmschranke in das lokale Lymphsystem des Darmes gelangen, eine sogenannte Toleranz hervor. Das heißt, die Information wird nicht an das allgemeine Immunsystem weitergeleitet, sondern lokal verarbeitet, und dem Körper wird signalisiert: „Alles in Ordnung, es handelt sich um Nahrungsbestandteile und nicht um Erreger wie Bakterien oder Viren."

Bei einem allergischen Hund besteht eine genetische Veranlagung, keine Toleranz zu entwickeln, sondern mit einer übersteigerten Immunantwort auf Nahrungsbestandteile zu reagieren. Dieses „Überspringen der Toleranz" kann in jedem Alter und auf jedes Nahrungsmittel erfolgen, das der Hund bislang bekommen hat. Dies ist vergleichbar mit Kindern, die häufig auf Milcheiweiß, Weizen oder Nüsse allergisch reagieren, oder Erwachsenen, die plötzlich auf Fisch, Früchte oder Ähnliches allergische Reaktionen haben.

WORAN ERKENNE ICH EINE FUTTERMITTELALLERGIE ODER -INTOLERANZ?

Futtermittelallergien oder -intoleranzen manifestieren sich bei Hunden sehr häufig an der Haut oder im Magen-Darm-Trakt. Die Hautprobleme sind variabel und zudem unspezifisch. Hauptsymptome sind meist ein mehr oder wenig ganzjähriger, generalisierter Juckreiz, Lecken der Pfoten, verstärktes Reiben des Gesichts und wiederkehrende Ohrenentzündungen. Aber auch Lecken des Afters, Scheuern und Rutschen auf dem Po (bekannt als sogenanntes Schlittenfahren) wird beobachtet. Hier wird vielfach vom Tierarzt eine „volle Analdrüse" diagnostiziert, die aber erst durch die ständige Reizung des Analbereichs entstehen kann und nicht Ursache des Juckreizes ist.

Oft entwickeln sich mit der Zeit Rötungen, kahle Stellen, schuppiges Fell, strenger Geruch sowie Pusteln oder Krusten. Der Grund dafür ist häufig, dass die allergische Haut keine normale Barrierefunktion für die Abwehr von Keimen besitzt.

Futtermittelintoleranzen und -allergien können sich bei Hunden auch durch Magen-Darm-Probleme bemerkbar machen. Hierzu zählen Erbrechen, Durchfall oder schleimiger Kot. Sehr oft berichten die Besitzer von auffällig häufigem Kotabsatz (häufiger als 1- bis 2-mal pro Tag).

Schätzungsweise 15 bis 20 Prozent aller futtermittelallergischen Tiere mit dermatologischen Problemen zeigen gleichzeitig Magen-Darm-Symptome, insbesondere den häufigen Kotabsatz. Dies ist umso einleuchtender, als dass häufiges Kotabsetzen ein Ausdruck für eine unvollständige Verdauung ist und unvollständig verdautes Futter ein erhöhtes Allergierisiko darstellt.

WANN TRITT EINE FUTTERMITTELALLERGIE ODER -INTOLERANZ AUF?

Die Symptome können in jedem Alter beginnen, in 30 bis 50 Prozent der Fälle sind erste Anzeichen bereits im ersten Lebensjahr zu beobachten. Es können alle Rassen und Mischlinge betroffen sein. Darüber hinaus treten die Symptome unabhängig von einem Futterwechsel auf.

Für viele Hunde stellt der oftmals hohe Getreideanteil in Trockenfutter ein Problem dar. (Foto: shutterstock.com)

Der Hund reagiert nicht allergisch auf ein neues Produkt, sondern im Gegenteil auf Dinge, die er schon lange frisst, da der Körper erst sensibilisiert werden muss.

Kommerzielle Futtermittel beinhalten häufig identische Allergene. Besonders offensichtlich wird dies in der Deklaration der Zusammensetzung, die oft Überbegriffe wie „Fleisch und tierische Nebenerzeugnisse" oder „Getreide und pflanzliche Nebenerzeugnisse" beinhaltet. Dies trifft auch auf Futter zu, das beispielsweise als „reich an Lamm" deklariert wird. Hier müssen gesetzlich vorgeschrieben 15 Prozent des Fleischanteils (!) Lamm sein, die restlichen 85 Prozent dürfen jedoch aus anderen Fleischsorten zusammengesetzt sein.

WIE GEHE ICH VOR BEI DEM VERDACHT AUF EINE FUTTERMITTELALLERGIE?

Es gibt eine Reihe von anderen Erkrankungen, die ähnliche Symptome wie eine Futtermittelallergie zeigen. Dazu gehören verschiedene Milbenerkrankungen, Flohspeichelallergien, bakterielle Entzündungen oder Pilzerkrankungen. Diese sollten vorher von einem Tierarzt abgeklärt und gegebenenfalls behandelt werden.

Wenn dann aber der Verdacht einer Nahrungsmittelallergie bestehen bleibt, muss eine sogenannte Ausschlussdiät oder Eliminationsdiät gefüttert werden. Alle bislang auf dem Markt befindlichen Bluttests haben sich als unzuverlässig erwiesen und können diese Diät nicht ersetzen. Die Bluttests sind im Gegenteil in meinen Augen häufig kontraproduktiv. Der Besitzer wiegt sich bei einem negativen Ergebnis in der Sicherheit, der Hund könne auf diese Nahrungsquelle nicht allergisch reagieren.

WAS IST EINE AUSSCHLUSSDIÄT?

Die Ausschlussdiät muss individuell anhand der Liste der Bestandteile des bislang gefütterten Futters und der Leckerbissen zusammengestellt werden. Dabei ist wichtig zu verstehen, dass jeder Inhaltsstoff ein mögliches Allergen darstellt. Da die meisten kommerziellen Markenfutter, wie oben erwähnt, ähnliche Zutaten haben, ist die Umstellung von einer Marke auf eine andere nicht adäquat.

Allergien

Als Ausschlussdiät eignet sich daher in besonderem Maße eine selbst zubereitete Diät, die dann allerdings strikt eingehalten werden muss.

Sie müssen eine Eiweißquelle (meist Fleisch, aber auch rote Bohnen sind eine Eiweißquelle) und eine Kohlehydratquelle auswählen, die Ihr Hund vorher nie oder äußerst selten bekommen hat. Welche sich eignet, ist leicht zu entscheiden, wenn Sie die Hundenahrung bisher selbst zubereitet haben. Wurde z. B. kein Lamm gefüttert, kann Lamm gegeben werden. Wenn Sie jedoch kommerzielles Futter oder Leckerbissen zugegeben haben, ist meist eine Vielzahl von Eiweißen und Kohlehydraten darin enthalten.

Aus diesem Grunde müssen wir häufig auf weniger verbreitete Eiweißquellen ausweichen. Möglich ist Pferdefleisch, Kalb, Ziege, Strauß, Wild oder Kaninchen, je nach den bisherigen Futtergewohnheiten.

Als Kohlehydratquelle wird meist Kartoffel, aber auch Hirse gefüttert. Die Nahrung kann, wie in den anderen Kapiteln beschrieben, roh, gekocht, gegrillt oder gebraten verfüttert werden. Auch hier gilt: Nicht abrupt umstellen, sondern das neue Futter langsam über 2 bis 3 Tage einführen.

Das Wichtigste an der Eliminationsdiät jedoch ist Ihre Konsequenz, ausschließlich die ausgewählten beiden Dinge – z. B. Pferdefleisch und Kartoffeln – zu füttern.

Lassen Sie Ihre Fantasie spielen in der Zubereitung von selbst hergestellten Leckerbissen oder Kaustreifen (zäh gekochtes Fleisch oder getrocknete Fleischstreifen, selbst gemachte und ungewürzte Kartoffelchips, Frikadellen aus Eigenproduktion). Umfangreiche Untersuchungen haben gezeigt, dass trotz der gewissen Einseitigkeit in einem Zeitraum von 3 bis 4 Monaten keine Mangelernährung bei einem ausgewachsenen Hund auftritt. Bei einem jungen Hund muss durch den Tierarzt eine Berechnung des Mineralstoff- und Vitaminbedarfs erfolgen.

WIE LANGE DAUERT EINE AUSSCHLUSSDIÄT? UND WAS DANN?

Die meisten allergischen Hunde zeigen innerhalb von 6 Wochen eine gewisse Verbesserung, bei einigen Tieren ist dies jedoch erst nach 6 bis 10 Wochen der Fall. Daher sollte die Diät etwa 6 bis 10 Wochen durchgeführt werden.

Sobald eine Verbesserung eintritt, kann eine Provokation mit dem Futter, das vorher gefüttert wurde, vorgenommen werden. Die Zeit zwischen der Provokation und dem Auftreten von erneuten Symptomen, wenn tatsächlich eine allergische Reaktion vorliegt, kann ein bis höchstens 14 Tage betragen. Nur wenn der Hund tatsächlich auf die Provokation mit dem vorherigen Futter eine Reaktion (z. B. Juckreiz, Durchfall) zeigt, handelt es sich um eine echte Futtermittelallergie. Das Wesen einer allergischen Reaktion ist, dass sie immer wieder auslösbar ist.

Das heißt: Die Diagnose einer Futtermittelallergie stützt sich nach wie vor auf eine am besten hausgemachte Ausschlussdiät und eine anschließende Provokation. Im Interesse Ihres Hundes: Seien Sie konsequent!

Ein gefüllter Kong bietet Beschäftigung und Kauvergnügen. (Foto: Silke Böhm)

Beschäftigung des Hundes während einer Ausschlussdiät

Während mein Hund Yoda seine Ausschlussdiät durchführte, stand ich vor dem Problem, wie ich seine Belohnungshappen und seine geliebten Kauartikel ersetzen sollte. Neben der aktiven Beschäftigung mit dem Hund, z. B. durch Suchspiele in der Wohnung, gibt jeder Hundebesitzer seinem Tier gern einmal eine Kaustange oder ein Rinderohr. Während einer Ausschlussdiät dürfen jedoch keinerlei Kauartikel verabreicht werden. So steht man bald vor der Frage: Wie beschäftige ich meinen Hund im Haus? Was kann ich ihm geben, um ihm Kauvergnügen zu bieten, ohne die Diät zu stören? Die Antwort ist relativ einfach: Besorgen Sie sich in der Zoohandlung oder über das Internet ein oder 2 Kongs®. Diese können Sie nun mit einer Mischung aus Hackfleisch und Gemüse befüllen – beides entsprechend den mit dem Tierarzt abgesprochenen Sorten – und anschließend in die Gefriertruhe legen. Wenn das Fleisch gefroren ist, geben Sie Ihrem Hund den Kong®. Allerdings sollten Sie ihn zuerst einige Minuten bei Raumtemperatur liegen lassen, damit er sich so weit erwärmt, dass die Hundezunge nicht daran kleben bleibt.

Mit einer unglaublichen Ausdauer wird Ihr Hund den Kong® auslecken. Je nach Größe des Kong® und des Hundes vergeht einige Zeit, bis alles vertilgt ist. Der Vorteil ist, dass der Hund sich beschäftigt und für sein Futter arbeiten muss. Danach ist er sichtlich geschafft und wird ein Schläfchen einlegen. Denken Sie daran, die Kong®-Ration von der Tagesportion abzuziehen. Haben Sie keine Sorge, dass sich Ihr Hund den Magen verkühlt. Die Öffnung des Kong® ist so eng, dass Ihr Hund keine ganzen Stücke der Füllung schlucken kann. Er muss sich die Zwischenmahlzeit durch beständiges Lecken erarbeiten. Manche Hunde werfen den Kong® in die Luft, in der Hoffnung, dass kleine Mengen des Inhalts herausgeschleudert werden. Entweder unterbinden Sie das Werfen mit einem „Nein" oder gewöhnen Ihren Hund von Anfang an daran, dass er den Kong® nur auf der Decke frisst, auf der er auch seine Knochenmahlzeit einnimmt.

(Foto: Silke Böhm)

YODAS FUTTERPROTOKOLL

Dass grau alle Theorie ist, befand schon Goethe im *Faust*. Deshalb soll an dieser Stelle die Fütterung eines Hundes im Alltag praktisch dargestellt werden. Dabei wird beschrieben, inwiefern der Hund körperlich ausgelastet wird und welches Futter er wann bekommt. Das Futterprotokoll zeigt, wie individuell die Ernährung sein kann und muss, um den Lebensumständen des Hundes Rechnung zu tragen.

Als Beispiel dient der Titelhund dieses Buches, mein Parson-Russell-Terrier-Rüde Yoda, als er 2 Jahre alt war und wir noch in Hamburg wohnten. Er ist knapp 10 Kilogramm schwer und ein sehr aufgeweckter, aktiver Kerl. Er wird, seit er 5 Monate alt ist, frisch ernährt und erfreut sich mit seinen nun 13 Jahren bester Gesundheit.

Allerdings ist sein Alltag mittlerweile nicht mehr ganz so abwechslungsreich wie damals.

Yoda war ein großer Sportler. Er machte einmal in der Woche Agility – eine Sportart für Mensch und Hund – und lernte darüber hinaus ebenfalls einmal in der Woche auf dem Hundeplatz Gehorsam und Kunststückchen, die der Hund zwar nicht braucht, die aber sowohl ihm als auch dem Menschen viel Spaß bereiten. Zudem machten wir regelmäßig lange Spaziergänge. Zu Hause war und ist er ein ausgeglichener, ruhiger Hund. Das hat er früh durch von mir verordnete Auszeiten gelernt.

Yoda bekam im Alter von 2 Jahren täglich etwa 200 Gramm Fleisch und ebenso viel Gemüse, aufgeteilt in 2 Portionen.

Heute wie damals bekommt er morgens ungefähr ein Drittel der Ration, nachmittags nach dem großen Spaziergang oder dem Training die weiteren 2 Drittel. Sein Futter wird nachmittags frisch hergestellt, die morgendliche Ration wird abgeteilt und im Kühlschrank aufbewahrt.

Samstag

Samstag ist Markttag. Der Verkäufer, bei dem ich das Fleisch für Yoda kaufe, hat reines Rindfleisch, Mischfleisch, Pansen, frische Rinderstrossen und Hühnerhälse im Angebot. Sieht alles sehr schön frisch aus. Ich entscheide mich für 2 Kilogramm schieres Rindfleisch, 1 Kilogramm Pansen, 2 mittelgroße Stücke Strossen und einen Hühnerhals.

Es ist Oktober, und Halloween steht vor der Tür. Genau der richtige Zeitpunkt, um beim Gemüsemann einen Kürbis zu kaufen. Am Abend soll es für uns Menschen eine leckere Kürbis-Ingwer-Suppe und Feldsalat geben.

Wieder zu Hause bekommt Yoda ein Stück Hühnerhals zum Frühstück. Unter Yodas wachsamen Augen portioniere ich das frisch gekaufte Fleisch in 200-Gramm-Portionen und friere es ein. Dann schnappe ich mir meinen Hund und mache mit ihm einen ausgedehnten Spaziergang an der Elbe. Yoda hat seinen Spaß. Wir treffen viele Hunde, die zum Spielen aufgefordert werden, mit denen gelaufen wird, und selbst das Bad in der Elbe schreckt Yoda bei diesen Temperaturen nicht ab.

Müde, aber zufrieden verzieht er sich zu Hause ins Körbchen und schließt sofort die Augen.

Kürbis ist im Herbst ein preiswertes und köstliches Gemüse, das auch dem Hund mundet. (Foto: Sabine Hans)

Nach einem wärmenden Tee nehme ich mir den Kürbis vor. Ich schneide einen Deckel ab und höhle den Kürbis aus. Von dem festen Fleisch werden pro Person etwa 300 Gramm für die Suppe zur Seite gelegt. Das weichere Kürbisfleisch wandert ohne Kerne gleich in den Gemüsemixer. Für das Familienessen putze ich den Feldsalat. Vom Salat bekommt der Hund auch etwas ab: die Wurzeln und eine Handvoll frische, saftige Blätter. Mit einem Schuss Leinöl und etwas Wasser wird das Gemüse mit dem Rindfleisch püriert.

Würde ich das Fleisch in Stücken lassen, würde Yoda es sich herauspulen und das Gemüse verschmähen. Püriert frisst er es mit sichtlichem Genuss. Ein Drittel der Portion wird für das sonntägliche Frühstück zur Seite gestellt. Später am Abend bekommt der Hund noch einen Rinderstick, da er zur Übersäuerung des Magens tendiert und bei zu großen Nahrungspausen morgens gelben Schleim spuckt. Während Yoda seine Kaustange verzehrt, male ich ein gruseliges Gesicht auf den Kürbis und schneide Augen, Nase und Mund hinein. So hat die heutige Hundefütterung nicht nur

für das Familienessen gesorgt, sondern der Rest steht nun als Halloween-Deko auf unserer Anrichte und verbreitet ein herbstliches Ambiente in der Wohnung.

> **Tagesportion:**
> **Frühstück: Hühnerhals**
> **Hauptmahlzeit: Kürbis, Feldsalat,**
> **Öl und reines Rindfleisch**
> **Betthupferl: Rinderstick**

Sonntag

Zum Frühstück bekommt Yoda die „Reste" von seinem gestrigen Abendessen. Dann schläft er bis zum mittäglichen Spaziergang. Heute fahren wir raus in den Wald. Wir sind mit einem seiner Hundekumpel verabredet und die beiden rennen, was das Zeug hält. Zwischendurch wird geschnüffelt und gebuddelt, kurz einem Vogel nachgesetzt, eine freundschaftliche Rangelei angezettelt und immer wieder gelaufen, gelaufen, gelaufen. Spaziergänge am Sonntag dauern oft sehr lange. Dementsprechend ist der Hund am Abend groggy. Passend zum herbstlichen Wetter gibt es bei uns heute Rosenkohlauflauf. Bevor ich die Kartoffeln schäle, spüle ich sie grob unter fließendem Wasser ab. Kleinere Erdspuren dürfen ruhig noch daran kleben. Denn auch der Wolf hat mit seiner Nahrung Erde aufgenommen. Die Kartoffelschalen koche ich nun separat für den Hund. Ein ganzer Beutel Rosenkohl ist für uns Menschen zu viel. Nach dem Kochen zweige ich also ein paar Röschen ab und werfe sie in den Gemüsemixer.

Kohl wird von Hunden besser vertragen, wenn er gekocht ist. (Foto: Sabine Hans)

Zucchini sind aufgrund ihres hohen Wassergehalts schnell püriert. (Foto: Silke Böhm)

rung kann sich Yoda figurtechnisch durchaus leisten. Sollte er Gewichtsprobleme bekommen, müsste ich natürlich das Gewicht des Strossens von den täglichen 200 Gramm Fleisch abziehen.

> **Tagesportion**
> **Frühstück:** wie gestriges Abendessen
> **Hauptmahlzeit:** Kartoffelschalen, Rosenkohl, Kokosraspel, Leinöl, Pansen
> **Betthupferl:** Strossen

Montag

Der Montag ist für den Hund zugegebenermaßen der langweiligste Tag der Woche. Nach dem Frühstück verzieht er sich daher wieder in sein Körbchen und hält seinen Schönheitsschlaf. Gegen Mittag wecke ich ihn und wir gehen in den Park. Dort treffen wir in der Regel viele Hunde zum Spielen und Rennen. Bei schlechtem Wetter, wenn wir nur wenige Spielkameraden treffen, wiederholen wir unsere Kunststücke und machen etwas Unterordnung. „Sitz", „Platz" und „Bleib" kann man nicht oft genug üben. Eventuell muss Yoda noch ein paar „verlorene" Leckerlis im Gras suchen. Aber das war es in der Regel an einem Montag auch schon. Länger als eine gute Stunde verbringt der Terrier montags selten im Freilauf, weil Frauchen das nötige Kleingeld für Fleisch und Gemüse verdienen muss. Zum Abendessen gibt es Rind, eine Zucchini-Kartoffel-Mischung mit einem Ei und einem Löffel Hüttenkäse.

Gemeinsam mit den Kartoffelschalen, einer kleingeschnittene Möhre, einem Teelöffel Kokosraspel, Öl und dem aufgetauten Pansen wird daraus ein geschmackliches Feuerwerk. Kohl koche ich persönlich prinzipiell, weil mein Hund sonst zu Blähungen neigt. Viele Hunde vertragen ihn aber auch roh püriert. Ein Drittel des Futters wandert wie jeden Tag für das Frühstück in den Kühlschrank. Weil der sonntägliche Spaziergang sehr ausgiebig war, bekommt Yoda als Betthupferl ein Stück Rinderstrossen. Solche Ausnahmen in der Fütte-

Spät am Abend biete ich Yoda noch eine dünne Kaustange aus Büffelhaut an, die er – nachdem er sie durch die Wohnung gejagt hat – zufrieden in seinem Körbchen nagt.

Tagesportion
Frühstück:
wie gestriges Abendessen
Hauptmahlzeit: Kartoffeln, Zucchini, Ei, Hüttenkäse, Lachsöl
Betthupferl:
dünne Büffelhautstange

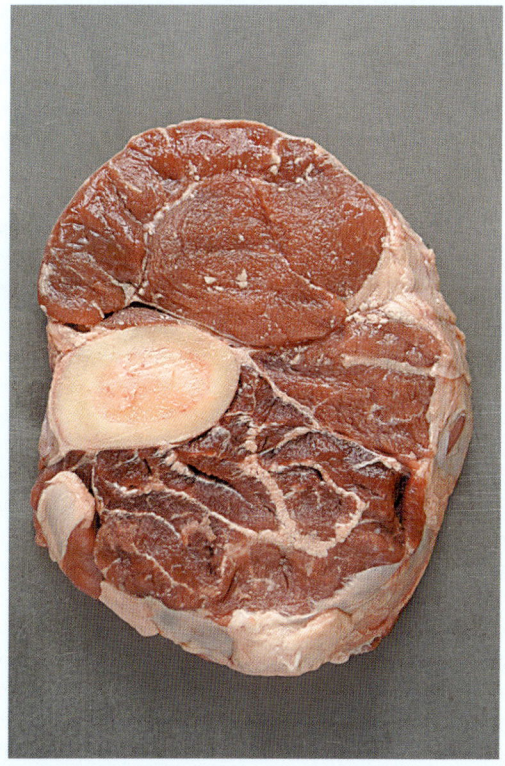

Mit einer Beinscheibe kann man wohl jeden Hund restlos begeistern. (Foto: Sabine Hans)

Dienstag

Der Montag war langweilig genug. Das soll sich nun ändern. Ich versuche, auswärtige Termine so gut es geht auf den Dienstag zu legen. Denn dienstags ist Yoda meistens bei seiner „Tagesmutter". Da ich vom Vortag keine Frühstücksportion für den Hund habe, bekommt er heute ein altbackenes Brötchen. Das frisst er auf seinem Fell, während er auf seine „Tagesmutter" wartet. Zwar enthalten Brötchen Getreide, und Getreidefütterung lehne ich eigentlich wegen der großen Allergiegefahr ab. Doch Yoda hat auf ein Brötchen noch keine Allergiesymptome gezeigt, weshalb ich es ihm ohne Bedenken gelegentlich gebe. In der Not frisst der Teufel bekanntlich Fliegen – und Yoda eben trockenes Brot. Das harte Brötchen „putzt" ihm nebenbei noch die Zähne.

Entweder hole ich den völlig ausgepowerten Hund abends wieder von der Tagesmutter ab oder er wird mir gebracht. Zu Hause wartet auf alle Fälle eine köstliche Beinscheibe vom Rind, die ich am Nachmittag beim Schlachter besorgt habe.

Yoda schleppt sein Abendbrot begeistert auf sein Fell und kaut und knatscht auf dem Fleisch herum. Der Knochen ist für sein Gebiss zu hart. Aber das Knochenmark wird mit eifrigem Ehrgeiz herausgenagt und geleckt. Nach dieser Herausforderung ist der nimmermüde Terrier bettreif, schleicht zum Körbchen und schläft in der Sekunde ein, in der er die richtige Schlafposition gefunden hat. Gemütlich sieht die allerdings nicht immer aus. Im Traum zuckt er mit seinen Läufen. Wahrscheinlich jagt er gerade unerlaubterweise einen Hasen.

Yodas Futterprotokoll

Was wir Menschen heute gegessen haben, fragen Sie? Brot mit Käse und Rührei. Während ich den Tisch gedeckt habe, brodelte auf dem Herd geschroteter Leinsamen zu einem Schleim. Mit etwas Heilerde versetzt, bekommt der schlaftrunkene Yoda nach seinem letzten Gassigang 2 Esslöffel davon. Er bekommt den Schleim einmal in der Woche, weil er einen sensiblen Magen hat. Leinsamenschrot ist Balsam für den Magen. Der sonst so wählerische Yoda frisst den Schleim übrigens außerordentlich gern – warum auch immer ...

> **Tagesportion**
> **Frühstück:** altbackenes Brötchen
> **Hauptmahlzeit:** Beinscheibe vom Rind
> **Betthupferl:** Leinsamenschleim
> mit Heilerde

Mittwoch

Der Mittwoch ist das absolute Highlight unserer Woche. Da nehme ich mir in der Regel einen Nachmittag frei (ich verlege die Arbeit in die Abendstunden) und gehe mit dem Hund zum Sport. Am Vormittag bekommt Yoda – in Ermangelung der Frühstücksration von der gestrigen Abendportion – einen Kong. 2, 3 Kongs® gefüllt mit Rinderhack und gemusten Kartoffeln habe ich für solche Gelegenheiten immer im Gefrierschrank.

Schon beim Öffnen der Gefrierschranktür steht der Hund erwartungsvoll neben mir und freut sich. Mit wichtiger Miene nimmt er das schwere Hartgummiteil vor-

sichtig in den Fang und strebt Richtung Körbchen. Mindestens eine Dreiviertel- bis hin zu einer Stunde – das kommt auf die Größe des Kongs® und meine Großzügigkeit an – hört man den Terrier schnaufen, lecken und schmatzen. Nach dieser Anstrengung muss erst einmal eine Mütze Schlaf genommen werden. Pünktlich um halb 3 packen wir unsere Siebensachen und machen uns auf zum Agility. Yoda ist ein absolut begnadeter Agilitysportler. Er ist so hoch konzentriert bei der Sache, dass es eine Freude ist, mit ihm auf den Platz zu gehen.

Einen Kong® aus der Tiefkühltruhe bekommt mein Hund oft zum Frühstück. (Foto: Silke Böhm)

Doch Konzentration erfordert jede Menge Energie. Dementsprechend erledigt ist Yoda nach einer Stunde Sport. Beim Abbauen der Geräte dürfen die Hunde noch einmal so richtig toben. Und das lassen sie sich nicht 2-mal sagen. Yoda ist ein alter Streber. Stehen noch vereinzelte Gerätschaften herum, muss er sie natürlich schnell ausprobieren. Das ist wegen der Verletzungsgefahr eigentlich verboten. Doch wird so manches Mal ein Auge zugedrückt.

Auf unserem menschlichen Speiseplan steht heute Ofenkäse mit Baguette und einem großen Salat. Beim Putzen von Salat und Gemüse fällt so allerlei ab: der Strunk und die äußeren Blätter vom Kopfsalat, die Gurken- und Möhrenschalen, Haut und Strünke von den Champignons, die Stängel von der Petersilie und die schon etwas überreife Tomate, die ganz hinten im Kühlschrank vergessen wurde. Was früher auf dem Kompost landete, wird heute für die Hundemahlzeit benötigt. Denn die Reste sind ja keine Abfälle im eigentlichen Sinn. Wir nutzen sie nur nicht für den menschlichen Verzehr.

Für unsere Salatsoße vermische ich Joghurt und Kokosmilch und dicke sie mit einem Spritzer Zitronensaft an. Das Ganze noch mit Salz und Pfeffer würzen – fertig. Und weil sich der Hund heute Nachmittag auf dem Hundeplatz so verausgabt hat, bekommt er statt Kokosraspel neben dem Leinöl noch einen guten Schuss Kokosmilch in den Gemüsemixer. Das bringt verlorene Energie schnell zurück. Gemeinsam mit dem Rindfleisch

Nach einem anstrengenden Tag bringt Kokosmilch verlorene Energie zurück. (Foto: Sabine Hans)

püriert, ergibt das eine kräftigende und reichhaltige Mahlzeit für Yoda. Das morgige Frühstück wird in den Kühlschrank gestellt. Das Betthupferl besteht heute aus 2 einfachen Hundekeksen.

Tagesportion
Frühstück: gefüllter Kong®
Hauptmahlzeit:
Salate, Leinöl,
Kokosmilch, Rindfleisch
Betthupferl: Hundekekse

Yoda war schon immer sehr aktiv und spielt auch heute noch gern Ball. (Foto: Sabine Hans)

Donnerstag

Die Donnerstage sind meistens Tage, an denen Yoda das macht, was alle Hunde machen: einen ganz normalen Spaziergang. Am Morgen bekommt er das „Kraftessen" vom Vortag. Den Vormittag verschläft er, denn die Aktivitäten vom Mittwoch stecken ihm meistens am nächsten Tag noch in den Knochen. Es ist herrliches Wetter und wir überlegen, am Wochenende spontan an die Nordsee zu fahren. Der mittägliche Spaziergang führt uns durch die Hamburger Parks und oft an den Elbstrand, der nun im Herbst wieder den Hunden, Spaziergängern und Drachen gehört. Es gibt kaum etwas Schöneres, als an einem sonnigen Herbsttag mit dem Hund am Strand zu toben, Stöckchen zu werfen oder ihm einfach zuzuschauen, wie er mit Artgenossen um die Wette rennt. Yoda steht eindeutig auf große schwarze Hündinnen, denen er Ewigkeiten hinterherrennen kann. Bei ihnen akzeptiert er auch kein Nein, wenn sie nicht spielen wollen. Er fordert sie unablässig auf, bis sie entweder kurz mitspielen oder ein sehr eindeutiges Machtwort sprechen. Ersteres ist die Regel und wird meistens von den Besitzern mit einem überraschten „Sie spielt sonst nie" quittiert. Gern schließt sich Yoda Ballspielen an. Meistens ist er schneller als die anderen Hunde, tritt den Ball aber fix wieder ab, wenn er vermutet, dass es Ärger geben könnte. Auf dem Rückweg machen wir einen Abstecher auf den Markt. Steckrüben sind derzeit sehr preiswert und eine große wandert in meine Einkaufstasche. Wieder in der warmen Stube schäle ich Kartoffeln und koche die Schalen für den Hund.

Ich schäle und schneide die Steckrübe klein. Yodas Anteil, bestehend aus den gewaschenen Schalen, wird mit den gekochten Kartoffelschalen, Kokosraspeln, etwas Kieselerde und Mischfleisch püriert. Für die Menschen im Haushalt gibt es abends einen leckeren Steckrübeneintopf. Da wir eventuell am Wochenende an die See fahren wollen, püriere ich jegliches im Kühlschrank befindliche Gemüse mit Öl und Kokosraspeln und friere es portioniert ein. Dann brauche ich am Urlaubsort lediglich pro Tag 200 Gramm Rinderhackfleisch unterzumischen und der Hund ist gut versorgt.

Außerdem gibt es keine welken Gemüse-reste im Kühlschrank, wenn wir nach dem Wochenende nach Hause kommen. Als Betthupferl bekommt Yoda ein kleines Stück getrockneten Pansen.

Tagesportion
Frühstück: wie gestriges Abendessen
Hauptmahlzeit: Kartoffel- und Steckrübenschalen, Kokosraspel, Kieselerde und Mischfleisch
Betthupferl: getrockneter Pansen

Freitag

Das Wetter scheint sich nicht zu halten, denn es gießt vormittags wie aus Kübeln. Yoda verputzt sein Steckrüben-Kartoffel-Fleisch-Gemisch und verzieht sich in sein Körbchen. Am Nachmittag verfrachte ich den Hund ins Auto und fahre einmal quer durch die ganze Stadt zum Hundeplatz. Als Welpe und Junghund hat Yoda das Autofahren überhaupt nicht vertragen und hat sich regelmäßig erbrochen. Des-halb achte ich darauf, dass zwischen der letzten Mahlzeit und dem Autofahren immer genügend Zeit liegt. Außerdem haben wir trainiert, einfach nur im Auto zu sitzen, ohne dass es fährt. Dabei hat Yoda kommentarlos Leckerchen bekom-men, damit er das Auto positiv verknüpft. Später bin ich mit ihm um den Block gefahren, dann um 2, 3, 4 ... Zunächst haben wir das Auto nur benutzt, wenn es zu Plätzen ging, wo es etwas Positives zu erleben gab. Mittlerweile ist Yoda ein guter Beifahrer geworden. Ob es sich aus-gewachsen hat oder ob es am Training lag – das kann ich nicht sagen.

Auf dem Hundeplatz sind Yodas „Mit-schüler" schon fast vollständig versam-melt. Erst einmal dürfen sich die Hunde begrüßen und ausgiebig tollen. Dann wird es geordneter und es wird das gemacht, was man von einem Hundekurs mit dem Namen „Sport und Spaß" erwartet.

Der Hund ist nach so viel Konzentration immer ganz fertig. Außerdem müssen wir wieder eine Stunde durch die ganze Stadt fahren. Wir machen noch einen kleinen Abstecher zum Fischhändler. Dort erstehe ich für uns Menschen frische Makrelen.

Für den Hund bekomme ich sehr günstig Bauchlappen. Beim Gemüsemann sind Fenchel und Möhren preiswert zu haben. Also schlage ich zu. Am Abend gibt es Makrelenfilet mit Pasta und einer Fenchel-soße. Yoda bekommt die Fenchelreste, püriert mit den Möhren, Lachsöl und den Fischbauchlappen. Es schmeckt ihm sicht-lich! Später am Abend bekommt er noch einen köstlichen Markknochen, den er gekonnt ausleckt.

Tagesportion
Frühstück: wie gestriges Abendessen
Hauptmahlzeit: Fenchel, Möhren, Lachsöl, Fisch
Betthupferl: Markknochen

(Foto: Sabine Hans)

(Foto: Sabine Hans)

Nährwerttabelle für ausgewählte Fleisch- und Fischsorten

Produkt in 100 g	Protein in g	Fett in g	Kalzium in mg	Phosphor in mg	Energie in kJ
Forelle	19,50	2,73	12	245	433
Hammelfleisch (Filet)	20,40	3,41	12	162	473
Hammelfleisch (Keule)	18	18	10	213	972
Hasenfleisch	21,60	3,01	14	210	479
Hecht	18,40	0,85	32	225	344
Hering (Ostsee)	18,10	9,60	68	210	646
Huhn (Suppenhuhn)	18,50	20,30	11	180	1066
Kalbfleisch (Haxe mit Knochen)	21,20	2,66	15	195	459
Kalbfleisch (reines Muskelfleisch)	21,30	0,81	13	198	3,92
Kaninchenfleisch (mit Knochen)	20,80	7,62	14	216	636
Lachs	19,90	13,60	15	253	842
Lammfleisch (reines Muskelfleisch)	20,80	3,70	3,0	-	491
Makrele	18,70	11,90	12	244	758
Pferdefleisch (reines Muskelfleisch)	20,60	2,67	9,2	216	456
Rehfleisch (Keule)	21,40	1,25	5,0	220	410
Rind, Blättermagen	14	5	90	80	540
Rinderherz			2,0	173	590
Rinderleber	19,50	3,38	6,1	352	547
Rinderpansen, grün	19	5	120	130	394
Rinderstrossen			40	70	428
Rindfleisch (Hochrippe)	20,6	8,05	4,4	149	647
Rindfleisch (reines Muskelfleisch)	22	1,90	5,7	190	455
Rindfleisch (Schwanzstück)	21,50	2,35	3,8	195	452
Rotbarsch	18,20	3,61	22	201	443
Scholle	17,10	1,90	61	198	361
Seelachs	18,30	0,90	14	300	344
Thunfisch	21,50	15,50	40	400	939

Nährwerttabelle für ausgewählte Gemüsesorten

Produkt in 100 g	Protein in g	Fett in g	Kalzium in mg	Phosphor in mg	Energie in kJ
Artischocke	2,40	0,12	53	130	93
Blumenkohl	2,46	0,28	21	52	95
Brokkoli	3,54	0,20	58	65	117
Champignon	4,11	0,25	11	125	67
Chicorée	1,27	0,18	26	26	70
Feldsalat	1,84	0,36	35	49	58
Fenchel	2,43	0,30	109	51	101
Gartenkresse	4,20	0,70	214	38	139
Kartoffel	2,04	0,11	6,4	50	298
Kohlrabi	1,94	0,16	64	50	104
Kopfsalat	1,22	0,22	22	23	49
Kürbis	1,10	0,13	22	44	104
Löwenzahnblätter	2,87	0,62	165	67	113
Mangold	2,13	0,28	103	39	58
Möhren	0,98	0,20	37	35	109
Petersilie, Blatt	4,43	0,36	179	87	214
Rosenkohl	4,45	0,34	33	84	151
Rote Rübe	1,08	-	-	29	156
Rucola	2,60	0,70	160	-	62
Salatgurke	0,60	0,20	16	17	52
Sauerampfer	3,19	0,36	58	51	87
Sauerkraut	1,52	0,31	48	43	71
Sellerie	1,55	0,33	50	74	77
Spargel	1,91	0,16	26	45	75
Spinat	3,20	0,30	116	48	69,9
Tomate	0,95	0,21	9,4	22	73
Wirsing	2,78	0,32	64	56	109
Zucchini	1,89	0,29	25	29	81
Zuckermais	3,28	1,23	2,2	83	369

(Foto: Sabine Hans)

Nährwerttabelle für ausgewählte Obstsorten

Produkt in 100 g	Protein in g	Fett in g	Kalzium in mg	Phosphor in mg	Energie in kJ
Ananas	0,46	0,15	12	17	69
Äpfel	1	0,70	12	28	225
Aprikosen	0,90	0,13	16	21	183
Bananen	1,15	0,18	7	23	374
Birnen	1	0,70	12	28	225
Brombeeren	1,20	1	44	30	186
Erdbeeren	0,82	0,40	21	26	136
Heidelbeeren	0,60	0,60	10	13	153
Himbeeren	1,30	0,30	40	44	143
Johannisbeeren, rote	1,13	0,20	29	27	139
Kirschen	0,90	0,30	17	23	265
Kiwis	1	0,63	38	31	215
Mandarinen	0,70	0,30	33	20	195
Mangos	0,60	0,45	12	13	243
Mirabellen	0,73	0,20	12	33	269
Orangen	1	0,20	40	20	179
Pfirsiche	0,76	0,11	6,3	21	176
Pflaumen	0,60	0,17	8,3	17	205
Preiselbeeren	0,28	0,53	14	9,7	148
Wassermelonen	0,60	0,20	7,3	9,2	159

Nährwerttabelle Sonstiges

Produkt in 100 g	Protein in g	Fett in g	Kalzium in mg	Phosphor in mg	Energie in kJ
Brötchen	8,96	1,90	27	102	1155
Honig (Blütenhonig)	0,38	-	5,9	4,9	1283
Hühnerei	12,80	11,30	54	214	570
Hüttenkäse	12,10	4,30	95	150	428
Joghurt, 3,5 % Fett	3,80	3,75	120	92	293
Knäckebrot	10,10	1,40	55	301	1335
Kokosnuss	4,63	36,50	20	94	1498
Leinsamen	28,80	30,90	198	662	1558
Nudeln, gekocht	4,30	0,91	9,0	62	399
Öle (im Schnitt)	-	100	-	-	3700
Reis, gekocht	2,10	0,16	3,0	36	359
Speisequark, 20 % Fett	12,20	5,10	85	165	457
Zwieback	9,90	4,30	42	132	1558

(Foto: Silke Böhm)

LITERATUR

Esch-Völkel, Sylvia:
Buntes für den Hund.
Kalidor-Verlag,
Schönefeld 2014

Fritz, Julia:
Hunde barfen.
Ulmer Verlag,
Stuttgart 2015

Fröleke, Prof. Dr. Hartmut:
Kleine Nährwerttabelle
der Deutschen Gesellschaft
für Ernährung e. V.
Neuer Umschau Buchverlag,
Neustadt/Weinstraße 2005

Kohtz-Walkemeyer, Marianne:
BARF für Hunde.
GU Tierratgeber,
München 2014

Meyer, Helmut/
Zentek, Jürgen:
Ernährung des Hundes.
Parey bei MVS,
Stuttgart 2004

Meyer, Helmut/Zentek, Jürgen:
Hunde richtig füttern.
Ulmer Verlag,
Stuttgart 2004

Nadig, Alexandra:
Heilpflanzen für Hunde.
Kosmos,
Stuttgart 2013

Seeger, André:
BARF für Hunde.
GU-Tier-Spezial,
München 2015

Simon, Swanie:
BARF Biologisch Artgerechtes
Rohes Futter für Welpen
und trächtige Hündinnen.
Verlag Drei Hunde Nacht,
Wadern 2008

Thielen, Claudia/
Dobenecker, Britta:
Was deinem Hund schmeckt.
Naturbuchverlag,
Augsburg 1998

DANKE

Ich möchte allen, die zum Gelingen dieses Buches beigetragen haben, herzlich danken!

Besonders danke ich den Lesern der vorigen Auflage, die mir ihre Erfahrungen geschildert haben, sodass ich sie in diese Neuauflage einarbeiten konnte.

Speziell bedanken möchte ich mich noch einmal bei Dr. med. vet. Monika Linek, deren Beitrag „Futtermittelallergien und Futtermittelintoleranzen" nach wie vor aktuell und auch in dieser Auflage enthalten ist.

Mein ganz spezielles Dankschön geht an Mike Brauer für seine Unterstützung bei der Fotoproduktion.

Silke Böhm

(Foto: Sabine Hans)

STICHWORTREGISTER